U0452663

简单易懂的
亲密关系课

终身成长研习社
著

贵州出版集团
贵州人民出版社

新流出品

目录

第一部分 家人之间的亲密关系

第一课 以爱为名的精神控制　2

第二课 疗愈受伤的童年,从与父母和解开始　15

第三课 你的抚育方式决定了孩子未来的情感纽带　28

第四课 传统家庭思想对亲密关系的影响　43

第五课 三个角度打造正确且积极的家庭亲密关系　55

第二部分 爱人之间的亲密关系

第六课 理性爱人才是最好的恋爱方式　70

第七课 提高认知,让恋爱中的PUA无所遁形　84

第八课 恋爱,是童年关系的一次轮回　97

第九课 用对方法,让感情避开"不忠"的暗礁　112

第十课 警惕"假性亲密",别让它拖垮你的感情　126

第十一课 掌握"沟通潜规则",远离爱的无形边界　139

第十二课 爱情三角理论　150

第十三课 接纳爱情的最终归宿　163

第三部分 朋友之间的亲密关系

第十四课 交朋友的奥秘　178

第十五课 维护友谊的"三板斧"　190

第四部分 关系中的自我定位

第十六课 独立而不孤立，建立自己的生活体系　204

第十七课 等待是为了遇见更好的自己　218

第十八课 课程回顾，30天变更好的小计划　230

第一部分

家人之间的亲密关系

- 第一课：以爱为名的精神控制
- 第二课：疗愈受伤的童年，从与父母和解开始
- 第三课：你的抚育方式决定了孩子未来的情感纽带
- 第四课：传统家庭思想对亲密关系的影响
- 第五课：三个角度打造正确且积极的家庭亲密关系

第一课　以爱为名的精神控制

> 所谓父女母子一场，只不过意味着，你和他的缘分就是今生今世不断地在目送他的背影渐行渐远。你站在小路的这一端，看着他逐渐消失在小路转弯的地方，而且，他用背影默默告诉你：不必追。
>
> ——龙应台

没有人愿意失去对自己人生的控制权，哪怕是面对亲密家人的"掠夺"。然而有时候，越是亲密的人越想要控制对方。

2009年11月26日，上海海事大学研究生宿舍里，一个女生用两条毛巾，以半跪的方式，绝望地结束了自己的生命。

这个自杀的女子叫杨某某，1979年出生于武汉，年幼丧父，她的家境也不太好，但她一直奋发向上，从武汉大学到上海海事学院，前途一片光明。

然而，母亲对她的控制让她失去了活下去的希望。

从人生的第一个选择开始，杨某某就失去了决定自己未来人生的权利。高考填志愿的时候，她想填大连海事大学法律系，因为当律师是她的理想，可是母亲以距离太远为由坚决不同意，杨某某便听从母亲的话，就近选择了武汉大学经济系。

大学前两年，杨某某和身边同学没有什么差别，会积极参加活动，也会去做兼职。但到了大三，因为母亲所在的工厂拆迁，母亲来到了杨某某的学校，要和杨某某同住。尽管这是学校同意了的，但宿舍的其他人都感到不自在，陆续提出转宿舍的申请。武汉大学考虑到杨某某的情况，为她和母亲单独提供了一间宿舍。从此之后，杨某某的生活便和母亲绑在了一起，甚至两个人还共用一部手机。

2002年，杨某某大学毕业，众多机会放在她的面前，但一一被母亲否定：老家的公务员、西北大学的面试邀请、北京大学法学院研究生……

被"爱"绑架的杨某某一次次顺从母亲，放弃那些好机会后，只得卖保险、摆地摊，辗转于多个工作，均不得志。于是，杨某某听从母亲的建议，于2009年考上上海海事大学研究生，再次带着母亲踏上求学路。

这一次，学校没有同意杨某某让母亲一起住进宿舍的请求，母亲不同意出去租房，也不愿意去住宾馆，无力的杨某某最终被眼前的一切压垮，她选择了自杀，并留下这样一句话：

"都说知识改变命运，我读了那么多年书，还是没有什么改变。"

这个世界上，诸多爱都是为了学会相聚，唯有父母对孩子的爱，是要学会放手。当父母越过边界，让孩子丧失精神的自由，以家人为名的爱，极有可能会变成一场伤害。

因为每一种方式的控制，都没有给孩子留下自主选择权，更没有给予孩子心理上的尊重。

就像心理学者李雪在《当我遇见一个人》中所写："父母控制欲的手伸向哪里，孩子一生都将在哪里体会痛苦。"

越控制，越失控

毋庸置疑，父母是爱孩子的，也正是因为这份爱和在意，他们担心孩子会走向崎岖的路，会和自己渐行渐远，会变成自己不喜欢的样子，于是忍不住插手孩子的生活，想要让孩子按照自己的设想走下去。

然而，越控制越会失控，如同握在手中的流沙，用尽力气只会让它更快流失。父母过度控制孩子的生活，反而会给孩子造成巨大的负面影响。

还记得骇人听闻的华裔女孩买凶杀父母事件吗？

女孩名叫詹妮弗，父母虽是普通的汽车配件厂工人，但在几十年的努力下，他们在多伦多北部的一个地区买下了一栋房子。这让詹妮弗的父母把自己的人生定义为成功，他们希望自己的女儿更加成功，于是一直都奉行严厉的管控教育：女儿不能去朋友家玩；滑冰再出色也要为学业让步……

父亲更是监视她所有的课外活动。

为了满足父母的期望，她承受着巨大的压力，手上的自残刀痕便是体现。为了不让父母失望，她开始编造谎言，修改成绩单，假装考上了大学。

但世上没有不透风的墙，父亲还是发现了詹妮弗话中的漏洞，一番跟踪，詹妮弗隐瞒的一切都暴露在父母面前。

父母没有反思詹妮弗出现这些问题的原因，只是再次控制起詹妮弗，要她从再考大学和成为专业钢琴家中做选择。

詹妮弗偷偷交往的男朋友也被父母全力抵制，要她马上与其断绝来往。

如此强有力的控制,再次让詹妮弗透不过气来,她一边敷衍着父母,一边偷偷策划着雇凶杀父母。

2010年11月8日,三名持枪男子闯入詹妮弗的家,不仅洗劫了家中钱财,还把詹妮弗的父母拉到地下室枪杀。

最终母亲当场死亡,父亲重伤,被歹徒绑在二楼的詹妮弗却安然无恙。

当詹妮弗作为受害人出现在警察面前时,她流畅的语言成了案件的疑点,苏醒的父亲更是告诉警察,詹妮弗似乎和歹徒早已认识。

真相这才暴露在大众眼前,原来这三名歹徒正是詹妮弗雇来杀害自己父母的。

詹妮弗的做法让人唏嘘,但更让人不寒而栗的是这场残忍事件背后的深层问题。

父母对詹妮弗过度的控制,让詹妮弗的内心备感压力,精神也几度崩溃,最终为了逃离,选择走上歧途,亲手毁了自己的家,也葬送了自己的人生。

詹妮弗的父母无疑是爱詹妮弗的,但他们忘了,当孩子越来越大,思维越来越独立,心理需求和情感需求也会发生变化,把控制作为维系亲密关系的方式必不可取。

控制型父母在和孩子相处的时候都会忽略两点：**一、孩子的真实感受**。把孩子的自我看作自己的自我，孩子的所有语言在他们看来都是狡辩。**二、孩子的限制思维**。认为自己不解释孩子也会理解，其中也存在因年龄差距认为孩子事事都缺乏考虑，所以自己有权利替孩子做决定的想法。

所以，不管父母对孩子的控制是简单粗暴地打骂，还是唠唠叨叨地诉苦，都是建立在对孩子不尊重、不信任的基础上的。

孩子在这样的控制下，往往会走向极端，或成为永远等待父母拿主意的巨婴，个性和自我被扼杀，不懂得为自己负责；或变得异常叛逆，专门和父母对着干，甚至对自己和他人进行攻击。

可以肯定的是，在父母的过度控制下，孩子将无法拥有快乐的人生，更无法真正接纳自己的父母。

对孩子的过度控制，源于内心的缺失

一般而言，父母对孩子过度控制往往源于父母自己内心的缺失,所以,即使知道这种控制不是健康的行为,也会忍不住去做。

常见的原因有以下三种:

- **外强中干,渴望内心得到补偿**

很多父母看上去很强势,总是控制着孩子的行为和精神,事实却是,他们的内心或多或少都缺失着一块。

他们把孩子看作自己的延续,希望孩子可以弥补自己的不完善,于是用强势掩盖自己的弱势,和孩子站在不平等的位置,把自己的愿望强加给孩子。比如自己吃了没有学历的苦,便希望孩子可以拥有好的学历;自己的婚姻不算完美,便对孩子的婚姻异常挑剔。

希望孩子变好的心原本没有错,但把血缘关系看作可以被掌控的关系,肆无忌惮地插手干涉,便有了问题。

虽然孩子和父母有着割舍不断的血缘关系,但孩子也是独立的个体,随着年龄的增长,他们势必有自己的想法。把自己的愿望强加给孩子,便需要打压孩子自己的愿望。久而久之,叛逆心起,一个控制,一个逃跑,一个拼命抓,一个使劲儿逃,亲子关系也就进入了恶性循环。

- **失去自我,把孩子当作一切**

我们身边有很多父母,在生完孩子后便会失去自我,有人是时间精力不允许,被动失去自我,有人则是过度投入精力,主动失去自我。

不管是哪一种,把孩子当作一切的他们,最终都会走上控制孩子的不归路。

因为投入越多,期待越多,投入越久,越舍不得放手。经济学中的"沉没成本"这个词,也适用于这一类亲子关系。

父母把本该投资自己的时间都花在孩子身上,自然是希望孩子能给自己一个"高回报",比如懂事、成绩好。

但这种爱的付出是有条件的。

一旦孩子存在脱离期望的状况,父母便会立刻使用强制手段来控制孩子,强加给孩子的一个个任务最终会变成压垮孩子精神的一棵棵稻草。当疯狂地控制扭曲了心中的爱,这种精神压制最终会由心到身整个摧毁孩子。而家长又会感到迷茫,并且会说"我什么都没做错，做这一切都是为了孩子好"。

只是这些家长忽略了，他们真正想做的只是满足自己内心那个无法填补的缺口。

· 看重权威，性格中自带控制属性

有的父母对孩子的过度控制来自其性格本身。他们也知道这样做不好，但却无法控制自己。或是在工作、生活中与人相处时已形成强势性格，面对亲子关系也无法更正；或是在童年时经历过同样的精神控制，虽深受其害，却无法逃离固有的亲子模式。

要知道，亲子关系中出现的控制欲也是会代际遗传的。临床心理学家普遍认为，一个成年人的关系模式在很大程度上是他童年关系模式的再现。

比如一个咨询者，她从小生活在一个控制欲极强的家庭里，妈妈从来都只问结果不问过程，为此她的整个青春期都很痛苦。却没有想到，她成为母亲后对女儿的第一个要求，便是父母说什么，孩子就做什么。她也知道这样不好，但儿时的那些情景总是会在眼前重现，让自己不由自主地把当初妈妈的言行举止复制过来。

尽管控制型父母的内心各不相同，但给孩子造成

的负面影响大同小异。《积极心理学期刊》中曾描述过这样一项研究，通过对5000余名1946年出生之人长期跟踪调查，发现在童年时被父母侵犯过隐私，或独立意识被父母打压过的人，在成年后的幸福感测试中总体得分较低。

所以，若是真的爱孩子，那就要改变自己和孩子的相处模式。而孩子想要击碎控制带来的负面影响，也要从改变自己开始。

从内打破，击碎精神控制带来的负面影响

之前网上流传着这样一句话：人生，从外打破是压力，从内打破是成长。

就算听了千条道理，无法从内打破、用心体验，还是无法做到真正的成长。

所以，不管你是忍不住去控制孩子的父母，还是被父母控制、无法摆脱情感枷锁的孩子，想要远离精神控制的负面影响，都要从重塑自我认知开始。

我们可以从下面这三个角度做起：

● **自我对话，不让思想"垃圾"侵占自己的大脑**

从小到大，父母是影响我们最深的人，小到喜爱什么样的食物，大到做人做事的方式，父母的一举一动对我们来说，都有着深远的意义。

也正因如此，我们很难摆脱父母的控制，父母的那些思想早已在耳濡目染中不知不觉传递给我们。

所以，想要摆脱父母的精神控制，第一步便是学会同自我对话，清除那些不利于自己行动的思想垃圾。

比如，拒绝父母会让你内疚，因为担心父母生气而不敢说出心里话，甚至仅是抗拒父母控制的想法闪现，自我攻击便已经开始了。

这个时候我们要明白，我们不必随时取悦父母，对父母说不，并不代表不孝顺。

只有摆脱内疚，我们才不会成为愚孝的人。

所以，当你的内心忍不住进行自我攻击时，就在心里进行一场小小的辩论，去用力反驳那些大脑中根深蒂固的想法。

还可以把父母常常会对你说的那些控制型语言摆出来，放在一定语境中练习反驳，练习越多便越不会害怕。

- **保持主动的心态，坚定地做自己**

仅仅是不害怕还不够，你还要坚定地做自己。

相由心生，要相信你的决心越坚定，所表现出来的自信也越多。

当你主动选择改变，内心便能感受到强劲的驱动力，这时就能对自己所做的事情充满自信。

更重要的是，当你进入这种动力十足的状态后，关系系统中的潜意识便不会轻易影响到你，父母对你施加的压力也失去了本来的效果。

- **提高自己的认知，明确相处边界**

当我们拥有了足够的勇气和信念，接下来要做的便是提高自己的认知。

尽管在成长的过程中，我们会有独立的思维，但父母对我们的影响依然不容小觑。

所以，我们要提高自己的认知，重塑思维，为自己和父母之间建立一个更好的相处模式。

我们可以通过读书来感悟，也可以向身边更有威望的长辈取经，使我们对亲子关系的相处模式有更深的了解。

认知的提高也会让我们找到健康关系的边界，当亲子之间的相处边界重新被确立，这场多年的控制便会被彻底击碎。

但这并不意味着我们要否定父母为我们做的一切，也许父母曾经伤害过我们，但接纳父母、和父母和解，却是我们人生中重要的一个步骤。就如毕淑敏在《孝心无价》中所说："父母在，人生尚有来处，父母去，人生只剩归途。"

父母是我们人生中最重要的角色，也是我们精神的一部分，正确的相处方式可以让我们在孝顺的基础上成为更好的自己。

第二课　疗愈受伤的童年，从与父母和解开始

> 谁都想生在好人家，可无法选择父母，发给你什么样的牌，你就只能尽量打好它。
>
> ——东野圭吾

在一个社交平台看到过这样一个问题：**应该怎样原谅父母在成长过程中对你造成的伤害？**

提问者在问题下面解释道，自己的整个成长过程都充斥着家庭暴力和道德绑架，以至于如今经济独立的自己无法和父母亲近，这种距离感如同一根刺，一直扎着自己。

和父母保持距离，内心便会谴责自己不孝；拥抱父母，又觉得中间的隔阂不能消除。

在问题的下面，大家纷纷留言表示很难原谅，因为那些以往的伤害无法从内心抹去，甚至有人还发出控诉："既然生了我，为什么不好好教我？"

是呀，来自父母的伤害往往要比其他人给予的更深、更难愈合，原谅亦变得更加困难。

继续往下翻，突然有一个回复让我眼前一亮，上

面写道:"原谅不是问题,问题是如何让自己和当年的父母和解。"

一语中的。

原谅,不是为了占据道德高点去宽宥父母,原谅的真正目的,是与自己和解,真正为自己的人生负责。

拒绝自我伤害,从接受父母开始

许多人在童年时期都或多或少被原生家庭伤害过,因为父母也是第一次做父母,他们也在学习和成长,那些无意识的语言和行为对我们内心造成的伤害也是父母始料未及的。

曾有研究表明,那些声称自己拥有完美童年的人其实并不能回忆起童年生活中的具体事情,因为他们抹去了那些不好的回忆。

这样看似快乐,但并不是一件好事,因为封存的记忆会让他们在今后的人际关系中缺乏安全感,甚至出现心理疾病。

那拥有一些不好记忆的我们应该怎么办呢?

《原生家庭：影响人一生的心理动力》一书中有这样一段话："从基因学上看，我们一半来自父亲，一半来自母亲。所以，当一个人拒绝父亲或者母亲的时候，他也就拒绝了自己的一半。"

而一个拒绝自己的人会倾向做出伤害自己的事情，让人生出现种种困境，有的人甚至会因此无法正常生活。

比如常常被羞辱、轻易被贴上"废物"标签的孩子，内心会形成难以消除的羞耻感。就算成年后，也会觉得自己做任何事都会受到批评，无法抬头做人，容易低估自己的能力。

当代女作家三毛的人生便是如此。

三毛从小时候的一次休学开始，便觉得自己的一切都无法得到父亲的肯定，读书、交友、留学等一切行事为人，都无法在父亲那里得到赞许。

为了掩盖自己脆弱的内心，三毛选择用不听话的方式来对抗父母，用毁灭自己的行为来寻求解脱，她流浪、自杀，却始终无法获得真正的快乐，就像她在文章中所写："这一生，丈夫欣赏我，朋友欣赏我，手足欣赏我，都解不开我心里那个死结，因为我的父亲，你，你只是无边无涯地爱我；固执，盲目而且无可奈何。"

直到父亲在读了三毛的一篇文章后,称自己很感动,并深为三毛感到骄傲,三毛这才解开心结,和父亲和解,消除了内心的自卑。

也是在那以后,三毛拥有了一段安稳的日子。

这便是孩子和父母和解的真正意义。

当我们从内心拒绝父母的时候,我们便无法真正地接纳自己。

这些拒绝和不接受会通过心理映射到我们的行为中,比如我们会因为不能接纳父母而无法建立新的亲密关系,无法拥有健康的婚姻,还会通过拒绝传宗接代来表达潜意识中对父母的不满。

不管是哪一种,我们的人生都会因此受到影响,所以,**想要避开自我伤害,就要解决我们发自内心的"拒绝",而产生这种"拒绝"的根源,便是对父母的不接纳。**

我们与父母的关系是无法切断的,那些曾经相伴的日夜,好的和不好的记忆,也都深植于我们的脑海,唯有接受,才会拥有治愈的机会。接受的第一步便是接纳父母,这意味着转变思想,不再把自己生活不如意的责任推到父母身上。

曾经有一位来访者，一张口便开始埋怨从小父亲对自己暴力相向，让他也成了一个惯于使用暴力解决问题的人，他的人生更是因此变得一团糟：妻子离开他，孩子厌恶他，同事排斥他……

但是在治疗沟通的过程中，他的自我意识慢慢觉醒，想要开始新的生活。但每次一有不顺心，依然会不由自主在心中责怪自己的父亲。虽然这样想可以让自己的内心少一些压力，但同样会阻碍他变好的脚步。

痛定思痛，他开始尝试接纳父亲，不再因为父亲过去的行为惩罚自己，也不再把自己的不幸怪到父亲的头上，这样的改变让他开始正视自己行为上的问题，开始对自己负责。

要注意的是，接纳父母并不是要认可那些会给他人带来伤痛的行为。接纳，是了解并承受，了解已经受到的伤害以何种原因形成并以何种方式出现，并承受这种既成事实。更好地正视问题，便是改变的开始。

摆正心态，构建保护系统

著名推销员乔吉·拉德曾说："我要微笑着面对整个世界，当我微笑的时候全世界都在对我笑。"

世界并不会因为你笑而变得仁慈，但会因为你心态的改变，让一些事情悄悄发生改变。

同样，原生家庭是我们无法改变的，但在我们改变心态、积极主动去面对的时候，它对我们的伤害也会发生改变。

我们构建自我保护系统的过程可以通过三个步骤来完成。

• 停止抱怨，不做情绪的奴隶

建立自我保护系统的第一步，是让自己从受害者的位置走下来，用轻松的心态去审视原生家庭对自己的伤害。

尽管父母的一些言行对我们的内心造成了较大的伤害，但一直把自己放在受害者的位置上，抱怨、谴责，并不能让我们的内心得到治愈。

可以尝试从多个角度看待问题，不要把眼睛只盯在不好的地方，让自己陷入消极情绪中。我们可以尝试进入与更多人的人际关系中，通过互动改变我们的认知、情感和行为成分。好的人际关系会让我们从良好的互动中体会到亲密和友好，相对应地，我们内心的容纳度也会扩大，这会让我们的目光不只聚焦于原生家庭的阴影中，要知道生命中还有许多值得经营的亲密关系，原生家庭只是其中一种，将不好的家庭阴影留存在心中的角落，留下心底大片宽敞的地方去拥抱新的关系，这是摆脱原生家庭阴影最有效的方式。当我们有意识地去主宰情绪，便不会落入情绪的陷阱，成为它的奴隶。

• 和原生家庭分离，不做永恒的受害者

建立自我保护系统的第二步，便是要学会和原生家庭分离。

这里所说的分离是指思想上的分离。只有从思想上分离，才不会困于内心创伤，成为永恒的受害者。

心理学中"习得性无助"的实验便能说明这一点。

1975年，心理学家塞利格曼以人为受试者进行实验，他把大学生分为三组，第一组和第二组学生都可以听到噪声，但第二组学生可以通过努力使噪声停止，第一组学生听到的噪声却是如何努力都不能停止

的。第三组则作为对照组,听不到噪声。

一段时间后,三组学生进入另一个实验:把手放进一个箱子里,当手指放到箱子的一侧时,便会出现强烈的噪声,但放到另一侧时,噪声就会停止。

实验证明,第二组和第三组学生在听到噪声后,会尝试变换手指位置,直到把手指放在箱子的另一侧,使噪声停止。但第一组学生任由噪声鸣响。

这是因为在之前的实验中,第一组学生产生了无助感,所以在情感、认知和行为上表现出消极的心理状态。

同理,当我们无法在思想上脱离原生家庭时,便会出现"我没得选择"的心理,然后主动放弃自己的权利和需求,陷入与原生家庭无尽纠缠的阴影中。

才女林徽因因为没得选的心理,终身都没有脱离母亲带给自己的负面影响。

母亲的婚姻并不幸福,林徽因的童年便一直在母亲的诅咒声中度过。虽然父亲带着林徽因去看了不同的世界,但她的心中还是充满怨恨,心疼母亲,却又怨母亲不争气;喜爱父亲,却又恨父亲对母亲无情。

成年后的她,是大家眼里睿智和浪漫的化身,但她的生活并非如人们所看到的那般幸福,她曾在信中说，自己的妈妈把自己赶进了人间地狱，希望自己没有降生在这样一个家庭。她还直言，早年父母的争斗对自己的伤害是如此持久，以至于任何部分的重现都会让自己沉溺于过去的不幸中。

在思想上一直没有和原生家庭分离的林徽因，在和母亲的相处中也具有一定的习得性无助，所以她也很难从原生家庭的问题中解脱。

一个人从思想上解脱出来，拥有独立的人格，有自己的思考方式和坚定的三观，才能不再继续遭受原生家庭的伤害，更不会因为习得性无助而对命运抱持消极的态度。

这一点，则需要我们不断进行学习，提升自己对外界事物的认知，通过不断内省复盘，确定自己的人生观与价值观。

• **随心所动，忠于自我**

听从内心的声音，选择自己喜欢的事情，是建立自我保护系统的最后一步。我们改变自我的终极目标，便是找到真实的自己。

找到自己喜欢做的事情，会更容易获得成就感，我们的内心也会因此变得充盈柔和。

在我们的生活中，有很多人尽管原生家庭并不幸福，但因为在成年后从事了自己喜欢的工作，或拥有真正让自己感到轻松的爱好，便逐步和童年的伤痛和解了。

那要如何找到自己喜欢做的事情呢？我们可以巧妙利用自己的"三分钟热情"，哪怕只是三分钟，也可以从多个体验中感受到真正让自己热血沸腾的事物。当你发现你想要尝试某件事的时候，不要担心自己是否能坚持下来，先行动起来。多一些尝试，便是给自己多一些听从内心的机会，也更容易找到自己真正热爱的事物。

而一个人一旦有了真正热爱的东西，看待生活的心态也会随之发生变化，这时原生家庭对你的影响就没有想象中那么大了，毕竟生活中还有很多有意义且值得你关注的事情。

做到以上三点，我们内心的自我保护系统便成功建立起来了。这个时候，你会发现，和父母和解并不是一件十分痛苦且为难的事情。

疗愈内心创伤,不让童年阴影主宰人生

还要强调的一点是,我们不仅要把注意力放在当下,让自己不再继续承受原生家庭的伤害,还要学会接纳过去内心已经存在的创伤,这样才能完成真正的蜕变。

我们还是从三个点来做。

• 找到伤害的源头,拒绝自我惩罚

通常情况下,伤害我们的源头会被各种情绪和表象所掩盖。

比如有的父母总是惯于打压孩子,抨击孩子的审美,打击孩子的自信,对孩子的每一次选择都抱着怀疑的态度。久而久之,孩子会发现父母的质疑态度,于是在每一次说话做事前都会犹豫不决、内心唯诺。

那么,一个恶性循环便开始了。父母会更加确定自己的孩子是一个做什么都不行的人,而孩子也会内化这种情绪,对任何事情都抱着消极的态度,并确定自己就是一个失败的人。

如此一来,自责、内疚便会开始攻击自我,甚至还会在无意识中对自己进行惩罚,把父母的过错转嫁

到自己身上。

所以,我们要时常去审视小时候被父母抚育的过程,我们可以把那些让我们感到痛苦、困惑的事情罗列出来,然后寻找它们的共同点,挖掘会引爆自己的"开关"。

了解了源头,便不会把一切都怪在自己的身上,也不会一味责备父母,而是会有意识地进行改变,从而打破这场循环。

• 拥抱不完美,才能拥抱完整的自己

法朗士曾说:"我能坚持我的不完美,它是我生命的本质。"

完美从不是固定的,你今天认定的完美,或许在明天便会被颠覆。所以不完美并不可怕,每个人都会有缺点,重要的是直面它,然后慢慢去改变。对自己宽宥一点,像爱自己的孩子一样去爱自己,包容自己。

同样,只有拥抱父母的不完美,才能拥抱完整的父母。我们可以把自己对父母的感受真实地讲出来,承认父母的不完美,这样的真实会让我们放下情绪,也可以感受到不用假装完美的自由。

这可以让我们更加客观地回顾过去，从多个角度看待父母的行为及这些行为对自己的影响。那些创伤也会因此"松动"起来。

• 丰富自己，敢爱敢恨敢自私

最后要说的，是把自己放在第一位，做一个丰富的自己，拥有丰富的生活，拥有丰富的思想，更有丰富的情绪。

为自己的心软添加一道边界，即使是最亲近的父母，也不能越界；为自己的仁慈添加一项底线，即使是最亲近的父母，也不能破线。

因为真正的孝顺是成为更好的自己：不压抑自己的情绪，保持健康的心理状态；不压抑自己的情感，找到生活的动力源泉。

这样的我们才会有余力给父母更好的晚年。也唯有如此，我们才可以更好地打破原生家庭的魔咒，建立新的亲密关系，不让自己的孩子重复痛苦。

当下，或者某一天，我们不仅是孩子，我们还会是父母，活出更好的自己，才能给我们的孩子做好榜样。

第三课　你的抚育方式决定了孩子未来的情感纽带

父母和子女，是彼此赠予的最佳礼物。

——维斯冠

前几天在小区碰到新晋妈妈淼淼，作为邻居，我连忙热情地打招呼，并和她聊起成为妈妈的感受。本来对孩子应该处于新鲜期的淼淼，并没有兴致勃勃地给我看孩子的照片、描述孩子的可爱，她一脸惆怅地对我说，她觉得自从生了孩子之后，家里人都变了。

因为孩子的到来，大家每天都很忙碌，自己和老公很久都没有单独相处了；原本对自己还不错的婆婆，现在眼里只有孩子，有时候还会怪她对孩子不够细心；还有自己的亲妈，每天各种汤汤水水，生怕会耽误了外孙的营养，一点儿也不顾及自己想要减肥的心。

其实，很多新手妈妈的内心都会有这样的落差，生之前众星捧月，生之后秒变"工具人"。而且，在之后很长一段时间里，家庭的分工也会发生改变。有的家庭会因此变得更加亲密，有的家庭却会因此分崩离析。难怪说，孩子是婚姻的一面"照妖镜"。

孩子的到来，不仅会让家庭结构发生改变，还会让父母内心的小孩苏醒，这也意味着家庭结构需要重建，每个人都需要调整自己的状态。

抚育方式，决定原生家庭的悲剧是否重演

家庭社会学理论认为，家庭是一个系统，由家庭成员构成。在家庭系统中，每个家庭成员都有特定的角色和功能，他们彼此依赖，互相影响，每个家庭成员的变化都会影响到家庭。也就是说，**一个家庭中人员的多少和成员之间连接的方式，决定了家庭的结构。**

两个人结婚，本来是对原有家庭结构的一次改变，有的夫妻会双双从原生家庭中脱离出来，重新组建独立完整的小家庭；有的夫妻则会进入其中一方的原生家庭，成为大家庭里的一分子。

在环境和自身的作用下，家庭成员之间的连接方式也会发生变化，有些夫妻相处和谐，共同承担家庭

责任,有些夫妻进入传统的男主外、女主内模式,还有的夫妻会把自己强势的性格带进婚姻。

这便是我们所说的婚后需要磨合的地方,家庭结构能够在磨合中找到一个最稳固的形态,然后延续下去。

孩子的到来,则是把结婚后建立起来的家庭结构再次打破,一切重新来一遍。这一次重建,因为多了一个需要照顾的婴儿,变得更难。

我们需要分出部分时间和精力去照顾孩子,我们也需要在心理上进行重建——我们不只是一个独立的个体了。

重建是否成功,决定了生完孩子后生活的幸福程度。

有人会因为孩子占据了自己大部分的时间和精力,认为家庭结构的重新组建不够公平,有人则会因为在心理上无法及时做出改变而变得情绪低落。

前面提到的邻居淼淼便是如此,她在心理上并没有接受自己已经成为妈妈的事实,所以在看到家人们围着孩子转时,会有被忽视的感觉。

之前在网上也看到过很多类似的案例:本来夫妻二人感情很好,包括怀孕的时候,丈夫会细心照顾妻子，妻子也能很好地理解丈夫。但是生完孩子后，妻子就发生了变化，妻子把大量的精力都放在孩子的身上，丈夫被挤到家庭的边缘，同时年轻人的育儿观念和老人的差距也很大，家庭战争一触即发。丈夫不理解妻子的变化，为了躲避家中的吵闹，不但不去安抚妻子的情绪、调解家中的矛盾，还把回家变成一件不积极的事情。

这便是一场失败的家庭结构重建，丈夫在有意无意中成了可有可无的存在，妻子感受不到他对家庭的关注，他也不能从家庭中获得归属感，这样的婚姻可能会朝不好的方向发展。

所以，在怀孕前后，我们都要做好心理准备，甚至还可以提前商量孩子到来后家庭结构如何改变。尽管养育孩子并不能按部就班，但有所准备也能有效避免一些问题的发生。而留出的时间则要重点放在如何防止原生家庭不好的一面在孩子身上重演。

每一对父母和孩子都有属于自己的相处方式，但良好的亲子关系有着相似的底层逻辑，在养育孩子的过程中，我们只需要遵守两大原则，便可以把自己所遭受过的原生家庭伤害切断在孩子身后，不让我们的孩子受到负面影响。

• 让自己成为独立的个体

不管原本的家庭结构如何，有了孩子之后，都要在心理上从原生家庭中脱离出来，把自己当作一个独立的个体，做决定、担责任。

把自己当作一个可以承担责任的社会人，在孩子的抚育面前，就会有自己独立的思考和发言权。这样的养育，便很好地阻断了原生家庭本来不太好的问题。

其实这一点很难做到，因为在我们现有的家庭结构中，父母帮带孩子居多，要阻断原有的养育问题，不让原生家庭的悲剧重演，新手爸妈则需要更多的耐心和长辈沟通，传递更新、更科学的养育方式。

我们可以遵循"大事不让步，小事不计较"的原则，对孩子存在潜在伤害的，便是大事，比如食物的添加、药品的使用、平时说话的方式等这类事情，要坚持自己的主见；像今天穿什么衣服、吃什么饭这样的小事，则可作为家庭关系的柔顺剂，让长辈们做主，让我们的父母更有参与感，避免因为孩子而产生家庭冲突。

• 把孩子当作独立的个体

不管是控制型的父母还是溺爱型的父母,原生家庭之所以会带来伤害,皆因为在那些父母的眼里,孩子并不是一个独立的个体。

所以,不管原生家庭本身存在什么问题,把孩子看作独立的个体,更容易给孩子营造一个健康成长的环境。

而把孩子看作独立个体的本质,便是学会尊重孩子。

一位妈妈带女儿去沙漠露营的时候,女儿在睡觉前问妈妈可不可以换睡衣,妈妈回答说,帐篷里都是沙子,最好不要换睡衣。

女儿听了妈妈的话,情绪变得低落起来,因为她很想换睡衣睡觉。

妈妈看到女儿的情绪变化后,说了这样一段话:"你为什么不开心?你询问我,我只是表达我的意见而已,既然你有自己的想法,按照自己的想法去做就可以了,为什么要因为我的建议不开心?"

女儿恍然大悟,高高兴兴地换上了睡衣。后来女儿发现,换睡衣在沙漠露营睡觉确实不舒服,就主动换下了睡衣,也理解了妈妈所说的话。

你看，尊重孩子并不是一件很难的事情，只要把一些事情的决定权交给他们就可以了。

不要觉得孩子小便无视孩子的意愿，听听他们的声音，用心理解他们的想法，再适当放手，给予空间，孩子会有完全不一样的感受。

依恋方式，决定成年后的亲密关系

想要孩子拥有健康的心理，除了注意不让原生家庭的悲剧重演，还要注意依恋关系的培养。

心理学家瓦隆曾说："儿童对人们的依恋心是发展儿童个性极端必需的。如果儿童没有这种依恋心，就可能成为恐惧和惊慌的牺牲品，或者将产生精神萎靡现象，这种现象的痕迹可以保留一生，并影响到儿童的爱好和意志。"

婴儿时期的孩子天生依恋父母，但因为父母不同的回应，孩子的依恋也会变得不同。通常情况下，孩子对父母的依恋方式有以下三种：

- **健康的依恋关系：安全型依恋**

具有安全型依恋关系的孩子，对于和父母的关系充满了自信，他们相信，一旦自己处于困境，父母会有回应、有帮助。

所以，这类型的孩子具有探索世界的勇气。

人格心理学家、社会心理学和发展心理学领域的杰出研究者卡罗尔·德韦克认为，父母的这几种行为可以促进安全型依恋的形成。

对婴儿发出的各种信号和需求敏感能给予快速反应；

以婴儿的需求为主调，不把自己的个性、习惯强加给婴儿；

和婴儿接触时充满爱意，并喜欢和婴儿有亲密的身体接触；

鼓励婴儿探索周围环境，并在需要时提供帮助。

也就是说，婴儿可以从父母那里感受到爱意，所有的需求也可以及时得到满足，那么孩子便很容易形成安全型的依恋关系。

- **过于疏离的依恋关系：回避型依恋**

在生活中，我们会发现有的孩子在很小的时候就很"独立"，父母家人离开时，就算心中难受，也很难像其他小朋友那样有难舍难分、大哭大闹的表现；在父母家人出现在自己面前时，就算内心高兴，也不会有特别激动的反应。

这便是回避型依恋的孩子，因为长时间缺少爱和支持，他们对于父母并没有太多信任，他们觉得自己寻求帮助的信号会被父母拒绝，索性靠自己来满足自己的情感需求。

这样的孩子在成年后，也会把这种依恋模式带到亲密关系中去，比如心里喜欢一个人，但在对方想要和自己拉近关系的时候又会觉得烦躁。一边内心充满自卑，觉得自己不配得到别人的爱，一边又害怕被束缚，不想在感情中承担责任。

在这一进一退间，亲密关系便也变得复杂起来了。

- **过于依赖的依恋关系：矛盾型依恋**

矛盾型依恋的孩子对自己的需求能不能在父母面前得到满足充满不确定感，这源于父母对孩子需求反应的随机性。

有的父母对待孩子十分情绪化，心情好了，孩子的需求便能轻易得到满足，心情不好的时候，孩子的需求则可能会引爆情绪。

一边是被满足的开心，一边是不被满足的伤心，反反复复，孩子的内心便会充满矛盾，既想和父母靠近，又想远离父母的接触，但整体上是倾向于依附的。这样的孩子尤其容易产生分离焦虑，在父母要离开的时候，会极度抗拒。

从小建立起来的依恋关系并不会仅停留在和父母的关系中，很多事情都会受到影响。明尼苏达大学少儿发育研究所的专家进行过一项长期而全面的调查，通过对174名孩子长达16年的考察，研究者发现婴儿对父母依恋的模式和程度是影响孩子日后学术成就最明显的因素。

且健康的依恋关系是孩子拥有良好人际关系的基础。比如拥有安全型依恋关系的孩子，在成年后不仅能很好地处理人际关系，也更易建立良好的亲密关系。

所以，婴儿时期依恋关系的建立对孩子来说是影响一生的事情。但父母们也不用过分担心，因为随着抚育方式和抚育环境的改变，大部分孩子会自主调节和父母的相处模式，也可以从非安全型依恋关系转化为安全型依恋关系。

活出自我，才能给孩子做一个好榜样

我们必须承认，身教总是比言传更有效果，活成孩子的榜样，要比要求孩子向上更有教育力量。

这里所说的榜样，并不是狭义上去拼事业，使经济独立，而是活出属于自己的风采。

有些人会理所当然地认为，一位合格的母亲要牺牲自我，因为母亲的职责要凌驾在个人需求之上，一旦把自己的需求放在孩子的需求前面，便应感到内疚，充满羞耻感。

其实并非如此，身为父母，活出自我才能拥有好的心态，幸福感也会从内心溢出，让孩子感受到温柔。

反之，为了孩子处处委曲求全的父母是很难发自内心感到快乐的，时间久了，还可能会把负面的情绪、人生的不幸怪在孩子身上，让孩子背负心理压力。

所以，越是懂得做自己的父母，越能给孩子做好榜样。

当然,活出自我并不代表对孩子不管不顾,我们需要做好这三件事即可。

· 关爱自己的情绪

我们常常会误解情绪这个词语,认为有情绪是一种不好的现象,但其实,情绪的出现是心理给我们的一个信号,忽略只会引来集中的大爆发。

当情绪出现的时候,我们不要在第一时间去批判它,而是应该把它当作一个孩子,以同情的姿态安静地陪着它,然后再去探索情绪的源头。

比如有的父母在孩子不听话的时候会变得异常冲动,根本无法理性处理。这个时候,我们可以听听内心的声音,是否有属于自己童年时期父母对自己训斥的语言出现。

有的时候,我们的情绪看似和孩子有关,但实际上它映射的不过是我们和自身的关系。

所以,把情绪看作一个信号,去发现背后传递的信息,然后去解决它,我们就会拥有更多快乐。

而父母快乐的真正受益者,便是孩子。

• 相信自己的价值

照顾孩子是很难被定义价值的事情,我们常常会听到这样的抱怨:

除了照顾孩子,你还会做什么?

你怎么连个孩子都照顾不好?

就让你照顾个孩子,有什么好累的?

在这些语言中,照顾孩子仿佛是一件异常简单的事情。很多妈妈会在这样的质疑中怀疑自己照顾孩子的价值,也会在长时间照顾孩子后,怀疑自己的社会价值。

但事实并非如此,照顾孩子并不是一件简单的事情,我们的社会价值也不会因为照顾孩子而变弱。

不与社会脱节,是维持自己社会价值的关键一点。我们常常见到一些女性,在结婚生孩子之后,不仅不再关注原本的行业动态,也不再主动与人沟通、交际。沉浸在自己营造出来的小世界虽然会让人在短时间内感到舒适,但当想要改变时会因怀疑自己的社会价值而失去勇气。

所以,要想让自己对自我的社会价值充满自信,就要让自己与社会始终保持联系。

也许有几年的时间我们会因此受到影响,但拉长时间线，我们看到的未来便会不一样。

比如做好职场回归计划，制定未来的职业目标，有了这样的规划，我们便不会把照顾孩子看作一种负担，也不会完全不再关注过去的行业动态；也可以把照顾孩子的这段时间看作一个休整期，为自己的职场做出一份 B 计划，然后朝着这个目标前进。

保持职场竞争力是提高自信的方式之一，如此，可以调整好自己的心态，就算出现否定的语言，也不会轻易怀疑自己的价值。要明白，自信的父母更容易培养出自信的孩子。

• 开拓自己的世界

孩子的到来常常会让父母的世界变得狭小，这样的占据，会让人在某些时刻变得极度焦虑，这样的焦虑自然也会传递给孩子，所以，学会拓展自己的世界非常重要。

拓展自己的精神世界，换个角度看待和孩子的相处，你会发现你不仅是在照顾孩子，孩子也在催化你的成长和进步。

拓展自己的生活圈子，与人的交流多起来，心态自然也会不一样。可以把孩子交给家人，为自己留出单独的几个小时，和朋友聚会，修复心情，也可以带孩子一起参加亲子活动，换个环境带娃。

作家珍妮·艾里姆曾说："孩子的身上存在缺点并不可怕，可怕的是作为孩子人生领路人的父母缺乏正确的家教观念和教子方法。"

我们是孩子，也是父母，这条养育之路任重而道远，我们不仅要治愈内心的小孩，活成孩子的榜样，与孩子建立健康的依恋关系，还要注意传统家庭思想在不知不觉中的渗透。

第四课　传统家庭思想对亲密关系的影响

> 何谓人义？父慈、子孝、兄良、弟悌、夫义、妇听、长惠、幼顺、君仁、臣忠十者，谓之人义。
>
> ——《礼记》

自古以来，中国人便十分重视家庭。

作为社会的基础，传统家庭礼节有着诸多规矩和约束，有的家族还专门立有家规、家训。这些传统家庭思想中默认的规则有可以传承的一面，比如重视早期教育，提倡正面管教等；但也有不好的一面，比如一言堂的大家长作风，重男轻女的风气等。

随着时代的发展，虽然有的封建礼数已经逐渐消除，但残留的"糟粕"依然时不时会影响到我们的家庭关系。最为常见、影响范围最广的，便是下面三种。

重男轻女，看得见的关系杀手

关于重男轻女，作家亦舒曾感慨："传宗接代纯是一种心态，并无几个家真正有产业等着男孙来承继，女生亦非不能办事，或是办得更好，有些家长重男轻女，是故意挑剔媳妇，或是找人出气，是谓家庭政治。"

一针见血，重男轻女的思想一般都从这两点出发。

- **认为只有男孩才能传宗接代**

在传统思想中，默认孩子要随爸爸姓，生不了儿子便代表着自己的姓氏无法传承下去。与此同时，养儿防老也是根深蒂固的一种想法，似乎没有儿子自己将会老无所依，所以，有一部分人会脱离现实考虑，钻进生男孩的牛角尖。

在网上曾看到这样一个令人心痛的真实案例。

一对夫妻为了生儿子，连续15年生了8个孩子，这8个孩子都是女儿。最小的女儿出生的时候，妻子已经43岁了，因为家中没有多余的钱财，妻子没有做过任何一项产前检查，直到要生的时候才匆匆借了1500块钱去医院。而44岁的丈夫因为在工作中被高压线压到，导致双手截肢。妻子的月子是在七八平方米大的房子里靠好心人救济度过的，在此期间，几个孩子则是靠吃泡面过活。

尽管日子如此艰辛，妻子说起生孩子依然很愧疚，觉得自己的老公是独子，没有给婆家生个孙子出来，公婆出门都会抬不起头。

可悲可叹，拼着命生来的儿子真的会让自己老有所依、出门体面吗？当温饱都成问题的时候，又要拿什么来让孩子们接受教育呢？

• **认为女孩的能力不如男孩**

有很多父母很爱自己的女儿，也舍得为女儿投入时间和金钱，可只要想到女儿在未来会管理家庭财富，便会充满焦虑。他们会用灾难性思维去设想这件事，认为女儿很容易被骗，未来的女婿可能会觊觎钱财，等等。

在潜意识中觉得女孩的能力不如男孩，这种观念要追溯到几千年的性别发展中去。

父系社会以来，不管是打猎、寻找食物，还是开拓土地，身强力壮的男性都是重要的劳作者。女性大门不出二门不迈，男性则肩负着光宗耀祖的职责。不管是从事农业活动，还是走仕途之路，家族里的男孩多便代表出力的人多。所以，在男性的力量对比下，女性的能力一直都是被忽略的。也正因如此,很多家族重男轻女的思想就延续下来了。

但如今,时代变化了,在物质并不缺乏的当下继续重男轻女,容易养出巨婴男孩和心里满是创伤的女孩,他们在成年后需要建立亲密关系时,就会非常困难。更甚者,重男轻女的思想还会成为亲情杀手,让孩子们之间无亲情可言。

曾有人在网上发帖说:"作为弟弟,姐姐因认为爸妈重男轻女而敌视我,怎么办?"在下面的留言中,"姐姐"们纷纷说出自己的遭遇,有的说自己的付出不被珍惜,有的说自己只想远离,还有的说自己已经和弟弟决裂。不管是哪一种都可以看出,因为父母的偏心,让本该携手同心的手足渐行渐远。

重男轻女更令人感到可怕的一点是,深受其害的女性会逐渐变成拥护者,把手伸向下一代。

家有男孩女孩,可以根据不同天性给予不同的养育,但不能因为性别而厚此薄彼。孩子是天生的心理学家,最懂得洞察父母的心理,一旦有所偏颇,不仅会影响到亲子关系,孩子之间的亲情也会受到极大的影响。

以自我为中心的独裁家长作风,一种令人窒息的关系控制

"家长"这个词语我们并不陌生,所谓家长,是指父母或者监护人。成为家长是一种肩负责任的象征,但在传统家庭思想中,家长,是一家之主,是掌握家庭权力的人。

在独裁家长看来,自己的话不会出现错误,自己的决定需要被绝对服从。他们既不听取家庭其他成员的意见,也不允许家庭成员有自己的自主思想,尤其是对孩子,要求绝对服从,一旦抗议或者不顺从,便会采取高压政策。

在这样的专制教育下,孩子往往会走向以下三个方向:

• **缺乏主见,胆小怕事**

具有独裁家长作风的父母是不允许孩子顶嘴的,只要孩子提出异议,便会简单粗暴地否定孩子,以维护自己的威严。这不仅会扼杀孩子的思辨能力,孩子的是非观念也会变得模糊,时间久了孩子便会放弃自主思考的能力,一切都听从父母的。如我们常说的妈宝,遇到

事情不积极思考,而是等待父母决定。

当孩子因为父母的专制变得缺乏主见、胆小怕事的时候,他们便会事事依靠父母,哪怕在成年后建立新的亲密关系,也无法很好地承担责任、处理问题。

- **攻击性强,模仿家长**

孩子犹如父母的一面镜子,父母是什么样的,孩子便是什么样的。

心理学家阿德勒告诉父母们,孩子之所以会模仿父母的行为,一是为了通过这种方式向父母强调自己的存在,二是为了达到父母的期待。所以,爱阅读的妈妈可以让孩子学会读书,爱运动的爸爸可以让孩子爱上锻炼,而一个专制的家长,则会让孩子学会攻击他人。因为大部分专制型家长都倾向于体罚孩子和打压孩子,耳濡目染,孩子便也学会了用同样的方式对待别人。

- **叛逆心强,亲子关系差**

如同弹簧被压制到一定的程度便会绝地反弹,孩子也会如此,当父母过于独断专行时,孩子的叛逆之心就会被激发,故意和父母反道而行。有的孩子会把这种"对着干"看作一种表达愤怒和不满的方式，是自己无声且消极的抗议；有的孩子则会把"对着干"看作自己宣告主权的方式。一旦孩子把家长放在了对立的位置，即使父母说得对，孩子也不愿正面承受父母的指挥，在他们看来，一次妥协便是对父母制定的相处模式的"投降"。

说到这里，我们可以回顾一下独裁家长作风对孩子带来的这三种负面影响，不管孩子会因此成为哪一种类型，亲子关系都不是健康的状态。因为长期被压抑，孩子对父母的感情或恐惧或不满或抵制，随着年龄的增长，这种对父母的情绪便会泛化到他人的身上，最终影响到孩子的社交。

非平等沟通是两代人最大的鸿沟

在我们的生活中，最亲近的人往往并不是最了解你的人。

因为在一些传统思想的驱使下，父母并不能和孩子做到平等沟通。大部分父母常常会站在过来人的位置，对孩子的言行加以指导、评价，并且家长们认为他们的理论是不容置疑的,至于孩子真正的想法,似乎并不在他们的考虑范围内。然后,这种不平等的沟通导致了代沟的出现。

"代沟"这个词由英文直译而来,是人类学家玛格丽特·米德创用的,狭义上是指父母子女之间的心理距离或心理隔阂,广义上则是指年轻一代和老一代在价值观念、生活态度、思维方式等各方面存在的心理隔阂。最初,有些心理学家并不认同代沟的存在,他们认为年轻人的观念是接受传统的,但随着社会的发展,代沟问题越来越明显,已被大家所公认。

当孩子还小的时候,因为思考方式与成人不同,总是站在成人角度和孩子沟通的父母早早就感受到了代沟的存在。随着孩子年龄的增长,在自身性格和社会环境的影响下,他们有了自己独立的处事观点,如果父母还不能学会平等沟通,那孩子和父母之间的代沟只会更深。更何况,孩子是在父母眼皮底下长大的,曾经顽劣的种种都在父母的脑海中形成了刻板印象,它们的存在会直接影响父母对孩子的判断,两代人之间的代沟也会变得无法跨越。

但并不是所有的父母和孩子之间都存在代沟。近代教育家梁启超在和孩子的交流中，便因为尊重孩子的想法而让代沟无处遁形。

举个例子，他希望女儿梁思庄学生物，但发现女儿的兴趣不大后，便连忙写信说："我所推的学科未必合你的适，你应该自己体察做主，不必泥定爹爹的话。"梁思庄经过深思熟虑，选择自己喜欢的图书馆学时，梁启超也没有阻拦。正是在这种平等的交流下，梁启超的九个孩子在不同领域各有成就。

可见，代沟并不是一成不变的。虽然我们俗话说"三年一代沟"，相差几十岁的父母和孩子之间逃不掉代沟的存在，但只要放下家长心态，以平等的姿态和孩子交流，代沟便不会成为两代人之间的阻碍。

平等，尽管会让养育加大难度，但可以让亲子关系更加亲密，要知道，代沟影响着孩子的一生。

• 父母的婚姻观影响着孩子对伴侣的判断

不管孩子是否认同父母的婚姻观，在选择伴侣时，父母的婚姻观都会不断干扰着孩子的判断。

比如在孩子的成长过程中，父母相处冷漠，或者总是争吵，那么孩子对于婚姻就会产生恐惧心理，很难轻易走进婚姻；或者主要抚养孩子的一方内心充满怨怼，总是给孩子灌输偏激的思想，那么孩子的婚姻观乃至人生观也会发生改变。

当生活中出现这类现象时，我们往往会归纳为"不幸的传递"，但事实上这是代沟引起的。

不管父母之间的感情如何，如果可以客观地和孩子交流，随着孩子慢慢长大，他便会明白真正幸福的婚姻是什么样子。

我的一位来访者就是一个典型的例子：在他很小的时候，妈妈便离开了他选择再婚，因为缺乏沟通，他一直把妈妈看作"坏女人"，并且在成年后，和妈妈相似的女性都被他排斥着，直到很久很久之后，妈妈才对他说明了离婚的原因，他终于明白了妈妈的苦衷，对婚姻的看法也发生了改变。

大部分父母都会有这样的心态，觉得孩子太小，讲了也没用，其实孩子的每一分钟都在学习，父母不讲，他们便会用自己的方式去理解、去思考。有时孩子因自身认知的局限性会扭曲事实的真相，而这又会影响他们未来独自面对类似问题时的解决方法。

其实，不要低估孩子的理解力，换一种更容易让孩子理解的方式去讲本可以消除的代沟远比刻意地隐藏它们要好得多。

• **父母的生活习惯影响着孩子和伴侣的亲密度**

因为沟通问题，父母对孩子的影响可不只在婚前。婚后，父母和孩子之间沟通不顺畅还会导致其他问题。

如现在年轻人的工作压力大，往往会加班到很晚，那么晚起便成了常态，但在父母的眼里，晚起则是懒惰的象征。

诸多婆媳矛盾便是这样发生的。

儿媳妇觉得吃剩菜不健康，选择每天倒掉，婆婆却觉得这是不懂得节约；婆婆觉得儿媳妇刚生完孩子要多喝汤下奶，儿媳妇却觉得这是不关心自己的身体只关心孩子……

其实这些都是小事，大家都出于好心，但因为代沟却会演化为一场婆媳大战，继而影响到夫妻的感情。

两代人的观念有差异，这是在所难免的，好的家庭关系也并不需要每个人都拥有一致的观点。不管是夫妻之间还是亲子之间，只要带着尊重的心态，耐心听对方说完自己的想法，然后站在对方的角度思考问题，不直接否定对方的想法，求同存异，便足以改善一个家庭的亲密关系。

时代在进步，家人的关系也需要进步，那些不符合时代的传统思想也需要改良，如此，才能建立起正确且积极的家庭关系。

第五课　三个角度打造正确且积极的家庭亲密关系

> 幸福家庭是培育孩子成人的温床，家庭生活的乐趣是抵抗坏风气毒害的最好良剂。
>
> ——卢梭

我们常常会看到这样两种不同的家庭组合：一种是爸爸友善，妈妈温柔，孩子听话；一种是爸爸懒惰，妈妈暴躁，孩子失控。

正所谓"不是一家人，不进一家门"。其实，不管是令人羡慕的家庭组合，还是让人惋惜的家庭组合，均是由一个家庭的能量场决定的。

比如在一个家庭中，爸爸很友善，就会让妈妈的内心充满爱意，被温柔对待的孩子自然能更好地和父母沟通；反之，爸爸的懒惰会让家庭的责任都倾斜到妈妈的身上，长时间被生活压抑的妈妈便会变得暴躁不堪，对待孩子自然也没有什么耐心，在这样一种环境中长大的孩子，又怎会不起叛逆之心？

家，是我们生命中极为重要的部分，一个拥有正向能量场的家庭如同一个加油站,让我们的身心始终充满力量。唯有正确且积极的家庭亲密关系,才能造就正向的能量场。

建立良好的家庭亲密关系并不是一件十分困难的事情,我们只要做到三点:有序、有爱、有责任。

有序,是家人之间相处的规则

一个无序的家庭是什么样的?

如果一个家庭没有秩序,那么父母可能会光明正大地偏心,兄弟之间可能会心安理得地占便宜,孩子也可能会不孝敬父母……

所谓"无规矩不成方圆",虽然家是一个讲情的地方,但恰当的规则可以让家人之间的关系更加亲密。自古以来,很多名人、家族都会制定属于自己家庭的文化,如家教名著《朱子家训》中,小到早上打扫庭院、晚上关门闭户,大到如何娶妻嫁女儿,都有明确的规定。在现代家庭的亲密关系中,我们不需要用这样的规则来约束家人,但可以商定一些对相处有益的事项。

如下三种，可以有效解决生活中的小问题。

- **正确地表达情绪**

虽然情绪有好坏之分，但每一种都有存在的意义。在和家人的相处中，我们不能因为亲密便随意发泄情绪，却也不用压抑自己的情绪。

正确表达情绪，是一件十分重要的事，我们可以明确对家人说出自己的情绪感受，请求家人的包容，也可以以运动的方式来宣泄情绪。不同的家庭可以有不同的方式，但要注意两个小问题：

一是不能借由情绪口出恶言，对家人进行人身攻击。家人是可以包容我们，但我们没有伤害家人的权利。更何况，恶语一句六月寒，越是亲密之人，暴力语言的杀伤力越大。

第二个小问题是，不用太在乎在孩子面前吵架，有时候让孩子看见愤怒可以帮助他更好地理解真实的世界。能不能在孩子面前争吵并不是最重要的，重点是通过争吵，孩子能不能看到解决问题的方法。如果这场争吵只是胡搅蛮缠式地互相指责，那孩子学到的只有暴力沟通；但如果通过争辩，两个人或用讲道理的方式，或用讲情感的方式，最终消除了隔阂，解决了问题,那对孩子来说,会是一场非常不错的教育示范。

● **用一种声音教育孩子**

如果孩子出生以后家庭成员的矛盾上升,问题主要在于教育孩子的观念不同,大家的出发点相似,但做法各有各的道理。

不用侧重去想老一辈和年轻一辈的育儿观,哪怕是原本亲密无间的夫妻,在育儿的路上也会出现不同的想法,这几乎是每个家庭都无法避免的。最好的解决办法,便是在同一个时间只出现一种育儿的声音。

比如爸爸妈妈同时在家,孩子突然做错了一件事,爸爸已经插手去管了,即使妈妈不太认同,但也要尽量把空间留给爸爸,等事后再私下和爸爸沟通。当着孩子的面争执,会让孩子找到教育的空子,也会让孩子心生不服。

其实在家庭亲密关系中,教育孩子之所以会成为一个很大的难题,就是因为它是一个无法快速鉴定对错的环节,如果出现一时找不到答案的问题,可以暂时放一放,大可不必为此去争个头破血流,得不出有效的结论不说，还会影响家庭成员的亲密度。

· 增加家庭仪式感

家庭生活中通常没什么大事，但就是那些数不尽的小事会困住人心，让人觉得生活无趣。为家庭增加一些仪式感，则可以为家人之间架起沟通的桥梁。

如果一家人都喜欢文艺活动，那可以组织去唱歌；如果一家人都很喜欢美食，那可以安排去不同的饭店打卡；如果一家人都喜欢运动，则可以来一场徒步旅行。每个周末，一家人去超市为下一周的生活选择日用品，也是一件值得期待的事情。

生活中的烦琐如同芝麻，总是低头捡芝麻，人心如何能不烦躁？家庭仪式，可以把人从芝麻中解救出来，哪怕时间短暂，也能因此而唤醒心中的爱，找到家存在的意义。

有爱，是家人之间柔和的源头

被称为"德国古典文学的最后一位代表"的海

涅曾感叹:"我宁愿用一小杯真善美来组织一个美满的家庭,也不愿用几大船家具组织一个索然无味的家庭。"

的确,一个放满家具的家远远不及放满爱的家。然而很多人心中有爱,无法正确地表达出来:表达太少,对方并不能感受到爱的存在;表达太多,则可能让家人把爱当作一种负担。其实,我们只需要遵循以下三个原则即可:

· **对家人进行有效陪伴**

根据马斯洛需求层次理论,家人的理解会让人感受到爱和归属感,家人的扶持则会让人感受到安全感。这两个需求层次的满足可以让人更好地去实现更高层次的需求:自我实现。

家人的理解和扶持来自有效陪伴。我们可以想象一个画面:两对父子分别坐在一起,一对父子各玩各的手机,儿子问了父亲一个问题,父亲却半晌没有回答,儿子的目光随即黯淡;另一对父子则面对面沟通着,儿子的问题都可以得到父亲的解答,父亲也会安抚孩子的情绪,让孩子充满能量。

这便是无效陪伴和有效陪伴的区别。当然,有人不善言辞，却并不影响有效陪伴的进行，因为除了语言，行为上的支持更是对家人莫大的理解和鼓励。

- **分清你和我，关心有界限**

我们常常会刹不住爱家人的脚步，一不小心便会越界。

是的，在家庭亲密关系中，很容易打着"为你好"的幌子做出越界的事情，爱也会因此起到反向作用。

在现实生活中有很多这样的例子，孩子喜欢唱歌、画画，父母却觉得这是浪费时间，总是强势插手。然而，这种带着爱和对未来担心的干涉是没有"你""我"之分的，孩子不仅不会感受到关心，还会因为被控制而产生压抑感，产生强烈的叛逆心。

我们要做的便是分清"你"和"我"的区别，把"我们"分为"你"和"我"，我们便能清楚地明白，这份属于家人爱的界限在什么地方了。

不要觉得"亲密有间"看上去不太热情，这其实是对独立人格的一种尊重。回想一下，是不是有的时候家人热情的建议让自己本来的意愿变成了一种错误而不能去表达？

人与人之间较为舒适的相处方式便是成为两个相交的圆,有重叠的地方,也有独属于自己的空间。

• 多说正面语言,让爱流动

有人会觉得用嘴巴表达爱的人都不是诚恳的人,但其实,爱表达出来真的可以让人十分开心。

在普遍的家庭结构中,父亲都是沉默寡言的典范,因为看上去严肃,子女们也很少会对父亲表达爱意。但当你尝试着对父亲说一些爱的语言时,你会发现,父亲的喜悦是藏不住的。

没有人不爱听甜言蜜语,何不在家里多说一点呢?

除了表达爱的语言,我们还可以化身为家人的"夸夸团后备军",有事没事夸一夸。

因为长时间的相处,我们往往会在第一时间注意到家人身上的缺点,而忽略掉那些显而易见的优点。不如给自己定一个小目标,每天都夸一下自己的家人。

当然,在夸人的时候,还要注意自己的语气和表情,就像作家毕淑敏所说的:"夸奖人的时候,不可静如秋水,要七情上脸。不要以为喜形于色是不老练的举动。别人的进步,值得我们为之欢欣鼓舞,并且让对方毫无疑义地感知我们的赞美和欢愉。"

再适当加一点儿肢体动作，相信你的一句话会让家人感到满天都是爱的小星星，哪怕心中有阴霾，也跑得无影无踪了。

有责任，是家人之间和谐的秘诀

维持婚姻的秘诀究竟是什么？

一名社会学博士在为论文收集材料时，发现了两份完全无关联的结论。

杂志社提供的4800份抽样调查报告中，90%的人认为，维持婚姻的秘诀是爱情。但法院民事庭提供的4800份协议离婚案件中，因感情破裂而离婚的夫妻不到10%。

爱情自然有爱情的作用，但要维系婚姻，让一个家庭越来越好，还需要拥有责任心。责任心如同守护家庭河流的堤坝，没有它，家庭便会失去凝聚力。一个有责任心的人不会因为外界的诱惑、内在的惰性失去为家庭奋斗的意志，改变对家人的态度。当然，家庭责任感并不仅限于家庭中的某一个人，每个家庭成员都有此义务。

家庭的责任,具体体现在两个方面:

• 承担经济责任

一个家的建设离不开经济的支撑,对每一个家庭成员来说,都有承担经济责任的义务。当然,并不是只有赚钱回家才算承担了家庭的经济责任。

一位来访者让我印象十分深刻。

女人婚后一直在家带孩子,在她的用心打理下,丈夫每个月为数不多的工资都能有一部分作为固定的储蓄。可是因为女人在中秋节给自己的父母买了礼物,公公指着她的鼻子骂她"嫁过来三年,没有做出一分钱的贡献"。女人心中不忿,却又不知道该如何反驳。

其实,有的经济责任是隐形的,比如因为家庭需要,妻子主要操持家庭内部事务,那么镇守大后方的妻子一样承担了家庭经济责任。没有妻子为家做出的付出,丈夫也不能安心在外打拼;没有妻子精打细算地计划日常开支,丈夫的生活也不会无后顾之忧。

同样,老人照顾好自己的身体,孩子管理好自己的学习,亦是在承担这份责任。

一个好的家庭就如同合作办企业，每个人提供的资源不同，每个人的分工也不同，但相同的是都在履行对家庭的责任，都在对家庭的经济做出相应的贡献。

·承担情感责任

在许多人的惯性思维中，常常会把金钱和情感一分为二，似乎一个可以为家庭提供金钱的人就没有时间承担情感责任，一个可以留出时间承担情感责任的人，就没有办法承担经济责任。

其实不然，一个拥有健康亲密关系的家庭，每个家庭成员都会两者兼顾。

经济责任，是为家庭的发展保驾护航，是家庭抵御风险的底气；而情感责任，则是一家人情感的纽带。没有谁愿意生活在华丽冰冷的宫殿里。更何况，好的情感纽带可以让一家人的精神力凝聚在一起，拥有更为紧密的家庭亲密关系。夫妻之间的情感纽带可以让两个人的力气往一处使，一个赚钱，一个计划，都是为家庭考虑；亲子之间的情感纽带可以让亲子关系更加密切，老人不会觉得孤单，孩子不会觉得自己被忽略。

不要小看这一点,当家庭之间的情感纽带不存在或不牢固的时候,矛盾甚至悲剧便发生了。被誉为"30年代文学洛神"的萧红,其一生悲剧的根源便来自父母情感纽带的缺失。

很早就失去母亲的萧红从来没有感受过来自父亲的温暖,尤其是在继母进门后,经其挑唆,父亲对萧红更加冷漠,父女关系也到了难以调和的地步。也是从这个时候开始,萧红踏上了寻找"父爱"的路,做尽不被世俗接纳的事情:逃婚、同居、未婚先孕……父亲对她没有尽到情感责任,她亦忽略了自己的情感责任,于是在短暂人生中,等来了更多的悲情和失望。

精神病学家维克多·费兰克说过这样一句话:"每个人都被生命询问,而他只有用自己的生命才能回答此问题;只有以'负责'来答复生命。因此,'能够负责'是人类存在最重要的本质。"在健康积极的家庭关系中同样如此,责任是家人互相信任且并肩作战的基点,有序和有爱,可以让家更加温暖。

家是我们生命的开始,也是悲欢的源头,与家人拥有和睦的关系,让家庭拥有正向的能量,对一个人来说,能给自己的精神和生活带来积极的改善。也许我们不曾有天降圆满的幸运,但我们可以通过努力,用心经营,改善家庭关系,提高亲情质量,让家成为真正的心安之处。

第二部分

爱人之间的亲密关系

- 第六课:理性爱人才是最好的恋爱方式
- 第七课:提高认知,让恋爱中的 PUA 无所遁形
- 第八课:恋爱,是童年关系的一次轮回
- 第九课:用对方法,让感情避开"不忠"的暗礁
- 第十课:警惕"假性亲密",别让它拖垮你的感情
- 第十一课:掌握"沟通潜规则",远离爱的无形边界
- 第十二课:爱情三角理论
- 第十三课:接纳爱情的最终归宿

第六课 理性爱人才是最好的恋爱方式

> 你,"匆匆忙忙嫁人",就是甘冒成为不幸者的风险。
>
> ——苏霍姆林斯基

说到爱情,有一部分人常常会把它和"失去理智""变得疯狂"等状态联系在一起,仿佛因爱而让人生失控才是生命的常态。就连培根也说:"爱情和智慧,二者不可兼得。"

然而事实是,**理性恋爱的人,往往更容易获得好的爱情。**

说到这里,我不禁想起在旅行时认识的 L 女士,她成功运用理性思维使自己拥有了一段令人羡慕的感情。

她和丈夫是在大学时认识的,当时对方并不出众,但是 L 女士通过观察,对对方的人品很是看好,于是便慢慢和对方接触起来。

虽然在这个过程中,两个人彼此都有了情愫,但

L女士并没有冲动，因为毕业后的他们还面临着更大的人生抉择。直到两个人工作都确定好之后，他们才确定恋爱关系。而在之后的相处中，她也能理性对待每一次选择，不会因为爱对方而放弃自己的喜好，更不会因为爱对方而丧失自我。

这样的理性让她在感情中很舒适，愉悦和幸福从内心溢出，感染到对方，两人的感情也越来越好。

理性恋爱，不是单纯地去考量现实条件，还要懂得在爱中保持自我，找到舒适的状态。抛开不必要的感性，可以让自己不因为外界因素而迷迷糊糊进入感情；拥有理性，可以让自己遵从自己的本性，选择合适的爱情。

更幸运的是，理智是可以培养的，在亲密关系中做一个理智的人，更是有迹可循。

画好情感表格，是恋爱前的第一课

在恋爱中做一个理智的人，并不是要成为一个斤斤计较、处处算计的人，更不是做一个循规蹈矩、一板一眼的人。

我们在恋爱中要的理性,是基于对自己的了解,对情感做好规划。 一个人只有在恋爱前知道自己想要什么,才不会在恋爱后陷入"迷魂阵",丧失自我。

我们可以尝试从以下三个角度画好属于自己的情感表格。

• **幻想未来生活,弄清楚什么会让你的幸福感爆棚**

不同的人对自己的未来有着不同的向往,有人觉得衣食无忧便是幸福,有人觉得和爱人有共同的爱好会让生活更愉悦,还有人觉得两个人在一起就应该三餐四季,牵手陪伴。

对自己有了初步的了解,在选择恋爱对象的时候便会避开规划外的人选。

听上去很简单,但有一部分人很容易在两种情况下做出错误的选择。**一种是因为心软而放弃自己的设定。** 比如有的女孩在情感设定中是排除掉异地恋的,但因对方各种强烈的追求手段,最终放弃自己的设定,选择尝试。

另一种是因为对自己的设定不够坚定。 比如有人在自己的情感设定中,把脾气暴躁的人归纳为完全不能接受的范围,当一个脾气暴躁却有才华的人出现在面前的时候,却因为对方的才华而忽略了脾气。

尽管错选也可能会出现正确的结果,但概率小之又小,因为一个人内心所渴望的亲密关系的样子,很难轻易改变。

• 注明无法接受的缺点

如果你觉得所能接受的模式很多,那便换个角度去思考,去想你无法接受的模式,弄清楚什么样的缺点是你无法接受的。

比如一些难以忍受的生活小习惯,或者是不能接受的处事方式。可以列一个表格,明确标注,这样,在恋爱前便可以直接避开雷区。

千万不要认为自己拥有"神的力量",可以通过努力改变对方。这种吃力不讨好的事情不仅很难达到目的,还会让恋爱的愉悦感大打折扣。

• 为自己的付出标好"价格"

为自己的付出标好"价格",并不是为了去置换相应的回报,而是给自己的沉没成本设定底线。

在电影《无问西东》中,刘淑芬便忘记了为自己的付出标上一个合适的"价格",她用自己的工资供丈夫读完大学；她熟悉丈夫批改过的每一本作业；她把所有的饭菜留给丈夫吃，自己只用开水泡咸菜充饥……

但曾经说要和她过一辈子的丈夫不爱她了，丈夫对任何人都会笑脸相迎，只有对她冷漠以待。甚至，丈夫连她用过的碗都不会用。

在这样的冷漠下，刘淑芬从没想过放手，哪怕因此心理扭曲，让自己变成众人眼里的"泼妇"。

试想，如果她为感情画下一条底线，不让自己的付出超过这条线，或在对方伤人的态度超越这条线的时候及时止损，那她最终的结局总不会是心如死灰地跳入水井中。

不要觉得这样的爱便不是爱，凡事过犹不及，设置一条底线，是为了让爱更纯质，也是保护自己的一种方式。

有一句网上广为流传的话放在这里很是恰当：

"成熟之爱是：因为我爱，所以我被爱。

幼稚之爱是：因为我爱，所以我爱。"

爱情如香水，不可能只洒在对方身上，自己却丝毫不沾染。真正好的爱情，从不是一意孤行，双向奔赴才是它最美的样子。

经营自己，才能遇见想要的人

心理学家伯纳德·默斯坦根据研究得出恋爱到结婚的三个阶段：

刺激：通常来自外在的条件，比如外貌、身高、举止、财富等。这些在五分钟内便可以感受到的信息，决定着双方是否被彼此吸引。

价值：通常是指相处之后的价值观，随着相处时间的叠加，最初的刺激作用会慢慢消退，两个人的观念是否相似，便铸就了新的吸引力。

角色：通常是指对方对自己所要求的角色，比如对方希望你重视家庭多于事业等。能否扮演好对方所要求的角色，是亲密关系进入婚姻的最终吸引力。

这其实便是我们常说的吸引力法则的本质：你是什么样的人，便会吸引到什么样的人。

感情不顺的人，往往是其中一个阶段出现了问题。

作家毛姆在被称为是女性精神觉醒经典之作的《面纱》中便描写了这一概念。

女主角凯蒂嫁给了拥有一定财富和社会地位的瓦尔特，但在相处中，瓦尔特的沉默寡言和不解风情让其对凯蒂失去了吸引力。

认为自己是"派对女孩"的凯蒂自然而然喜欢上了幽默风趣的情场高手汤森,并心甘情愿成为对方的情人。

然而,直到东窗事发,面对丈夫瓦尔特的怒火,凯蒂才发现,汤森并没有想象中爱自己,他甚至立刻和凯蒂撇清了关系,以免惹祸上身。

就如小说的名字,凯蒂在两次选择中都仿佛蒙上了"面纱",做出了错误的选择。

凯蒂和丈夫瓦尔特在第一阶段的外在条件中是互相具有吸引力的,但是在相处之后,因为价值观的不同,瓦尔特便失去了对凯蒂的吸引力。

而在婚外情被揭露后,汤森不愿意离婚娶凯蒂,凯蒂亦无法再满足汤森对凯蒂的角色定位,于是吸引力再次失效。

把一手好牌打烂的凯蒂,就是因为不懂得经营自己,才让人生变得糟糕透顶。好在,在故事的结尾,她终于明白,要改变命运就要先改变自己。

不管男女,唯有经营好自己,才有可能遇到更好的人。

· 放下等待心,提高自己的实力

同样一块石头,放在不同的位置,便会有不同的价格。

人也一样,站在不同的位置,便会有不一样的感觉。越是有能力的人,越会自信,其谈吐、举止,甚至眼神都会变得不一样。所以,我们要懂得从内到外提升自己的实力:

提升自己的内在实力:赚钱的能力,管理财富的能力等,这不仅会让我们拥有改善生活的底气,还会帮助我们正确评估未来伴侣的生存能力。我们可以通过学习成功案例来进行实力提升,比如找到一个适合的博主坚持汲取知识,报符合职业规划的学习班进行系统学习,等等。

提升自己的外在实力:与人交际的能力,装扮自己的能力等,都是需要去经营的,没有人会在第一时间越过外在的表现直接看到你的内心。更重要的是,当我们的外在条件发生改变,我们才会拥有不同的资源,才会遇到不一样的人,正所谓"人以群分"。

学习永远都可以在路上,不要因为年龄或者工作放弃提升自己的机会,很多时候,人都会找一些看似无懈可击的理由作为"躺平"的借口,但其实时间就像海绵里的水,逼自己一把,总能挤出来的。

• 放下依赖心,丰盈自己的精神

仅仅拥有经营自己的能力还是不够的,我们还要关注到自己的内心,明确自己的价值观,明确自己未来想要成为一个什么样的人,好的人也会因此被吸引来。

丰盈自己的精神世界从而自信充实,便很难被狭隘的眼界和思想所牵引,让过多的"想当然"参与到感情中去。充盈的精神世界更能让内心沉着,耐得住寂寞,经得起等待真正恰当的人。

让自己的精神丰富也并非一件难事,我们可以从书本中找到处世之法、入世哲学,可以从旅途中看到天地广阔、万物之律,还可以从生活的点滴小事中感悟生活的智慧。试着做一个精神丰富的人,让脑子动起来,复盘,勤思考,从多重角度看问题,从历史故事中看当下的变局……一切只需要头脑风暴就能提升认知的事情,每个人都能做到。

适合自己的伴侣才是最好的

在我们的一生中,伴侣是很重要的存在。一位好的伴侣,不仅可以让我们觉得生活没有那么痛苦,更会影响我们对人生的定义。

在纪录片《成为沃伦·巴菲特》中,巴菲特说自己的人生有"两大转折点":一个是出生的时候,一个是遇到第一任妻子苏茜的时候。巴菲特说:"如果没有她,发生在我身上的事情,根本就不会发生。"

伴侣在我们人生中扮演的角色远远要比我们想象的重要,对方的能量场、三观乃至性格,都会对你产生一定的影响。那么,选择什么样的人才可以让我们变得更好呢?关于这一点,我们可以从精神和经济两个方面去关注。

• **精神上的稳定,是感情最终的归属**

不管是在生活还是影视剧中,我们总是会发现,我们常常会被反差极大的人吸引,比如乖乖女会被看上去坏坏的男孩子吸引;内向的男孩子会被活泼开朗的女孩吸引。因为,我们常常会觉得互补的人才更适合在一起,因为不同,会让彼此看到更大的世界;因为差异,会给对方带来更强烈的新鲜感。

然而,心理学研究发现,婚姻不美满的大多是性格互补的夫妻,真正婚姻美满的,是相似的夫妻。互补的人虽然容易被吸引,但在长久的相处中,那曾经吸引自己的差异很容易演变成冲突,相似的人却很容易让我们获得精神上的稳定。

如民国名媛陆小曼,她和第一任丈夫王赓的婚姻可以说是众人眼里的天作之合,但王赓热爱工作的性子和生性浪漫的陆小曼差异太大,以至于陆小曼对婚后的生活十分不满。

在感情面前,适合自己的才是最好的,这是亘古不变的定律。当然,我们无须在"相似"这两个字上面钻牛角尖。我们选择伴侣并不需要对方性格和我们的完全一样,只要在某些点上十分合拍,那便足以让我们的精神备感稳定。

• 经济上的共赢,是感情最终的认同

对于"谈钱伤感情"这句话,很多人深信不疑,毕竟有许多感情最终败在了现实面前。但其实深究起来会发现,钱不过是背了个黑锅罢了,所有能被钱伤的感情,都是不到位的感情。

尤其是情侣之间，如果把钱谈明白了，那便只剩下感情了。所以，不要觉得谈钱就是拜金、庸俗，不管是婚前婚后，经济上的共赢都是感情的一部分，就如三毛所说："爱情必须落到吃饭、穿衣、数钱这样的小事中才会长久。"

结婚前多谈谈钱，可以看出两个人对金钱的态度和规划，要知道，哪怕仅是相似的消费观，也会减少日后的争吵。结婚后，多谈谈钱，两个人进行合理分工，达到经济上的共赢，让婚姻的组合拥有 1+1>2 的功效。不要小看这一点，它可是让感情变好的催化剂。

练习钝感力，让自己不再"恋爱脑"

在感情中，有一种人真的就是"吸渣体质"，总是会陷入一段不太好的恋爱。他们便是具有敏感性格的人：十分在意别人的评价，对别人的一句话都会思考半天；总是担心自己的行为会引起别人的不满。

就像林黛玉，一天到晚琢磨这个对自己说的话是什么意思，那个看自己的眼神是什么心理，越想越睡不着，然后坐窗户边默默流泪到天亮。

这样的感触放在亲密关系中,更会被放大为双倍,别人一点点的不满,在自己眼里便会成为了不得的事情;同样,别人的一点点喜欢,也会被自己放在放大镜下仔细观察。

所以,敏感性格的人更容易爱上别人,也因为特别会反省自己和在意对方的感受而产生依赖。这便导致敏感性格的人在感情中很容易遭遇挫败,轻易爱上别人,会因为缺乏了解而爱上错误的人;太过于依赖别人,会因为缺乏空间而让人想要逃离。

想要自己不成为这样的"恋爱脑",最好的方式就是培养钝感力。

• 你不必事事完美

我们总会有意无意在内心进行自我攻击,从外貌到行为举止,从才能到勇气魄力,总是可以找到让自己不满意的地方。越不满意越敏感,觉得这些是自己不受欢迎、不被爱的原因。

告诉自己,你不必事事完美,人生有限,能够做好一两件事已是难得。

• 你不必委屈自己

把别人的感受放在自己的感受之上似乎是通世故、高情商的一种表现,但这样的做法会让自己备感委屈。尤其是在亲密关系中,自己的一退再退只会让两个人的相处模式进入不正常的范畴。不妨多在意一些自己的感受,让人感到舒心和愉悦,不正是亲密关系的真正意义吗?

只有一个人的幸福感从内心溢出来,他才能把幸福的体验带给身边的人。所以,好的恋爱不应该被痛苦充斥。恋爱前理性一点,可以让自己远离错误的人;恋爱后理性一点,可以让自己的爱具有思辨能力。如此,才能更好地经营爱情。

第七课　提高认知，让恋爱中的 PUA 无所遁形

> 真正的爱情能够鼓舞人，唤醒他内心沉睡着的力量和潜藏着的才能。
>
> ——薄迦丘

2019 年 10 月 9 日，包丽给男友牟林翰发出最后一条微信，上面写道："遇到了熠熠闪光的你，而我是一块垃圾。"随后，包丽选择服药自杀，送医救治期间被宣告"脑死亡"……

作为北京大学大三学生的包丽，怎么看都有着光明的前途，又为何会走上绝路呢？

这一切都源于她的男友牟林翰。这段从 2018 年下半年开始的恋情，把包丽从一个开朗的人变成了极度自卑、失去信念的人。男友以"处女情结"为切入点，对包丽进行了一系列"情感虐待"，而包丽早在他的"洗脑"之下，坚信自己是一个"不干净的人"，屡屡做出妥协，但对方越来越过分的言行最终使包丽选择了自杀。

让这些不合理的行为"理所当然"地发生，便是

PUA 的可怕之处。

明确 PUA 本质，让其无所遁形

在情感中，被 PUA 并不是个例。当你在一段亲密关系中不仅不会感觉到美好、愉悦，反而会觉得"自己很糟糕"，那你就要警惕自己是否被 PUA。

PUA 的全称是"Pick-up Artist"，原指"搭讪艺术家"，专指通过系统化学习、完善情商包装自己，以吸引异性的行为。这并不是一个褒义词，但目前还有人以网络课程、线下培训等方式，教唆人以 PUA 的形式进行诈骗，PUA 已然成为"情感操控"的代名词。

立人设，引发好奇；博同情，制造反差；定关系，建立情感契约；撕毁契约，打压自尊自信；利用感情，情感虐待。

这是 PUA 常用的 5 个步骤，虽然它常常会以各种形式出现，但只要我们清楚地知道 PUA 的本质并不是爱别人，那我们便可以找出潜藏在生活中的那些无形的 PUA，远离伤害。

对方会用情话的形式打压你,比如"你长得不好看,但我很喜欢","你嘴巴这么毒,也只有我不嫌弃"。

对方会打着为你好的幌子,限制你的社交自由,比如"不要再和这个朋友来往了,你会被带坏的","你父母都不为你着想,你又何必费心思去关心"。

对方还会用忽冷忽热的态度去牵制你的情绪,用怀疑的方式让你不自主地想要证明自己……

这些言行都隐藏在亲密关系中,让你觉得因为爱,所以才会如此,然而,你却会因此一步步落入"圈套",最终失去自信、失去自尊、失去自我。

一般而言,PUA还会隐藏在以下三种人设中:

• 悲情的人,利用你的内疚心PUA

这类悲情的人通常会让别人恰到好处地察觉到他的苦,然后在你们有冲突的时候让你产生是你让他更"痛苦"的错觉,从而因为内疚做出让步。

有的悲情者并不会直接说出自己的需求,无声的抗议是他们的"撒手锏";有的悲情者则选择用倒苦水的方式,似乎伴侣不改变,自己便无法幸福。

他们看上去很脆弱,一旦不被顺从便会十分忧伤，一旦得到满足便会立马高兴。但千万不要觉得这是单纯，因为在不知不觉间，你已经被对方"牵着鼻子"走了。

比如，有的伴侣会在要求没有被满足时整个人陷入悲伤中，他不会发火，也不会发牢骚，只是静静地坐在那里。看着伴侣受伤的样子，另一方便会怀疑自己的拒绝是不是有点儿无理取闹，然后开始内疚，最后妥协。

• 自虐的人，利用你的责任心PUA

"如果你不听我的，我就不吃饭了。"

"你要是不原谅我，我就守在这里，什么也不干了。"

自虐的人往往会为你的不顺从制造出一个因果关系，从而激发你的责任心：我过得不好，都是你的责任。

而这种"责任"还会让你带着被爱的感动。一旦被激发出来，觉得自己有责任保护对方、支持对方，这场控制便成功了。

自虐的终极者会用自杀来攻击伴侣的责任心，比如在伴侣想要离开自己的时候，用自杀的方式来挽留对方。

这个时候,如果选择妥协,那么自杀这件事便会在之后的每一次博弈中反复被使用,之后被PUA者便很难再摆脱控制。

• 引诱你的人,利用你的企图心和恐惧感PUA

有的PUA者出现的姿态很优雅,他们会以一种"拯救者"的姿态出现。

看上去毫无企图心,但会亮出自己的资源和能力,让你觉得有利可图。于是,引诱便开始了,他们常常会一面表现出体贴和关心,一面把自身的优势做成一个挂起来的"萝卜",让你看得见摸不到。为了得到这根"萝卜",另一半会一步步变得顺从,按对方的要求做事;为了不失去这根"萝卜",另一半会尽力按PUA者的要求去做。

尽管我们可以对PUA行为分类识别,但PUA者的行为并不会单一出现,它可能会两两组合,也可能会随着环境变化,所以对我们来说,识别PUA是一方面,坚定自己的三观和意志也是很重要的一方面。

跳出对方的思维框架，是远离 PUA 的重要途径

一个人之所以会被 PUA，和自身认知是有一定关系的，要说明的是，这里说的认知是对自身、对人性、对社交的认知，并非单指学历。一场成功的 PUA 往往是从心理学和社会学同时入手的。我们以不变应万变的方式，跳出对方的思维框架，让 PUA 的苗头一出现便无所遁形。

• 甄别超出自己认知的信息

PUA 者有一套属于自己的思维框架，被 PUA 的人往往会陷入其中，最终按对方的思维自我攻击。

所以，我们要做的便是在 PUA 者企图合理化自己的行为时跳出对方的思维框架，对超出自己认知的信息仔细甄别。

我们可以为自己找多个榜样，然后进行"换框"，对自己提问：如果这件事发生在她的身上，她会有什么样的反应，会如何对待？并把思考的结果与自身的想法进行对比，让自己能够从多个角度思考问题。

这样，我们便可以降低对方思维对自己的影响，甄别出潜在的 PUA 信息。

• **寻找对方的漏洞**

跳出对方思维框架的另一个办法,是不主动给对方找借口。

不要带着感情去看对方所有的行为,那会让你的双眼无法看到真相。当冲突发生的时候,多去寻找对方的漏洞,可以让我们更好地跳出对方的思维框架。

比如对方的手机中有暧昧的短信,你去质问对方,对方却说"你一天到晚疑神疑鬼,我都要抑郁了","你现在一点儿都不相信我,果然是不爱我了"。

这个时候,如果跟随对方的思维框架,你就会和对方去讨论性格问题或爱不爱的问题。但如果是寻找对方的漏洞,你便会发现对方话中的信息都是在混淆视听,因为事情的重点是暧昧的短信应该如何解释。

在每次发生类似亲密关系冲突时,我们都要紧抓问题的重心,直接解决问题。自己的思维清晰了,便不会轻易陷入被动的状态,才不会被对方牵着鼻子走。

• **多问自己"凭什么"**

对PUA者来说,越是乖巧懂事的人越容易被控制，因为这些人很容易顺着PUA者的思路反思自己。

所以，患有"好人综合征"的人往往是被PUA的"重灾区"。

想要破解，我们只需要多问自己"凭什么"：

"凭什么我不能有自己的爱好！"

"凭什么我不能自己决定时间！"

"凭什么他之前的感情伤害要我承担责任！"

想象一下叛逆期时的自己，对父母的决定发出的一声声"凭什么"的感慨，撇开对与错，先听从自己的内心，坚持不把人生的主动权让出去的态度。

问得多了，潜意识便会促使我们做出建立在自我意识中的决定。当我们的思维不跟随对方摇摆，我们便不会轻易被PUA。

不过，仅仅跳出对方的思维框架还是不够的。

如哲学家尼采在《善恶的彼岸》中所说："当你在凝视深渊的时候，深渊也在凝视你。"当我们把注意力放在对方的思维中时，有时候会如叛逆者，走向另一个极端。

所以，我们还要拥有自己的认知和领悟，才能够坚定自己的观念和思想。

提升自己的认知,是对 PUA 的降维打击

在惊悚片《煤气灯下》中,姑妈意外身亡后,少女宝拉因继承了一大笔遗产陷入了一场隐蔽而可怕的 PUA。

安东在给宝拉送胸针的时候,会故意强调宝拉"记忆力"不好,然后藏起胸针,让宝拉找到。多次操控后,宝拉的认知开始模糊,难道自己真的病了?

安东故意对女佣表现出轻佻的行为,却是在故意引发宝拉不满的情绪,同时又强调宝拉的"精神"也不好,"你生病又妄想,我会很难过"。

安东担心会失去对宝拉的控制,还禁止宝拉和邻居、朋友相处……

安东做这一切的目的便是利用否认、误导的方式,让对方怀疑自己的认知,最终操控对方。

因为电影中隐蔽的精神控制十分经典,所以精神分析学家罗宾·斯特恩把此现象称为"煤气灯效应",并在《煤气灯效应:如何认清并摆脱别人对你生活的隐形控制》一书中写道:"对方的目标就是说服你,说你记错了,你误解了,给你制造疑问,让你

脆弱，这是一种让你意识处于不稳定的手法。"

所以，"煤气灯效应"又被称为"认知否定"。操控者将虚假、片面等具有欺骗性的语言长期灌输给受害者，使受害者质疑自己的认知、记忆等，最后达到控制受害者言行和思想的目的。

如同慢性心理中毒，在PUA者有目的的长期打压、欺骗下，另一方的认知便会逐渐扭曲，他们会自我怀疑、自我否定，认为对方所说的、所做的才是正确的。

由内到外，从三个角度提升自己的认知，是对情感操控的一场降维打击。

• 和内心和解，接受不完美

《沟通的艺术》一书告诉我们，所谓自我，就是指你对自己所持有的相对稳定的直觉。

一个人对自己的认识越清晰，越会有足够的安全感。

所以，我们要先从内提高自我认识，了解并接纳自己的不完美，如此才会在否定、打击的语言出现时，不因自卑、尴尬等心理而失去思考力。比如你从内心接纳了自己的身材，便不会因为别人对你身材的评价而内心发生摇摆,更不会因为别人的评价而改变自己的行为,这种坚定感会让对方的语言失去操控的作用,大有"他强任他强,清风拂山岗"的意味。

• 丰富社交圈,不"封闭"自我

当我们的身边只出现一种声音时,我们很容易对事实失去判断。不管是生活中还是影视剧中,我们都可以看到这样的案例:生活压抑的被操控者走出来的第一步,是认识一个让自己醍醐灌顶的新朋友,并得到朋友们的支持。

诚然,我们常说要精简朋友圈,减少无用社交,但这并不意味着我们不再与人交往。时不时和老朋友聊一聊,可以说一说自己内心的困惑,多一种声音,便多一种思考;不要停止接触新朋友,不同的人有着不同的思想,接触多了,自己获取的信息便会更丰富。

如此,对事物的认识和自我认知会得到提升,他人语言带来的心理影响也会随之降低。

• 对人生多一些规划，越具体越好

当我们对自己的人生有具体的规划时，别人便很难操控我们的内心。

我们可以做一些长远的规划，这会让我们对未来充满憧憬，然后再将其分化为容易实现的小目标，这会让我们在实施的过程中不断接收到正面的反馈。

举个简单的例子，女孩准备考取会计证书，因为还有工作要忙碌，于是给自己制订了两年完成任务的计划，然后再根据时间制订出平均到每天的详细计划，与此同时，女孩还会在周末参加一些相关的讲座。

有了这样具体的计划，男友反对、否定、打击的声音便不会起到很大的作用了，因为详细的计划和具体的目标让女孩充满了动力和信心。相反，当一个人目标不够明确的时候，便会很容易受到别人语言的影响，从而放弃自己的想法。

而放弃便是印证了对方的说法，那么对自我的怀疑也会产生。在与恋人的相处中，我们不需要封闭自己的内心，成为一个固执的人，但我们也要独立思考，不做"待宰的羔羊"。

如此，不管PUA穿上多么华丽的外衣，我们都不会被轻易控制,失去人生的主动权。

最后,我们一定要明白,让你陷入自我怀疑的往往不会是好的爱情,真正好的爱情会让你从中汲取到力量,变得越来越好。

第八课　恋爱，是童年关系的一次轮回

> 童年时代是生命在不断再生过程中的一个阶段，人类就是在这种不断的再生过程中永远生存下去的。
>
> ——萧伯纳

越来越多的人发现，结婚前一定要多留意对方父母的相处方式，因为那极有可能就是自己婚后生活的模样。

一个母亲不被尊重的家庭，婚后媳妇大抵是要延续这种"家庭地位"的；一个母亲强势的家庭，女儿婚后大抵会延续这种强势的作风。

从性格、生活习惯，到父母之间的互动模式，均会影响孩子在亲密关系中的相处模式。但这并不是简单地耳濡目染，起到核心作用的是心理学中所说的"内在关系模式"。

所谓"内在关系模式"，即我们内在父母和内在小孩的关系。我们童年时与父母家人的关系，便是

"内在关系模式"的源头,我们成年后建立的任何一种关系,都是内在关系的映射。

亲密关系也不例外,当我们进入恋爱状态时,内在关系模式便会被唤醒,同时也进入恋爱状态,体现在和爱人的相处中。

所以,我们常常会发现,有的人是非常好的朋友,却不是好的恋人:对朋友大方、包容、好说话;对恋人计较、毒舌,且自私。

这和童年有关系。

幸福的童年,是最好的情感课

弗洛伊德曾说:"一个被母亲完全喜欢的人终其一生都会有一种作为胜利者的感觉,而这一成功的信心通常会带来真正的成功。"

亲密关系也包括其中,一个具有幸福童年的人往往能更好地与恋人相处。

从出生到 1 岁,我们会在和父母的相处中建立依恋关系,3 岁之前,我们会体验自主性和羞耻感,这些过程,形成了我们在成年后与人相处的模式雏形。

一个从小具有安全感的孩子,在进入感情的时候,即使是遇到不好的人,也能够积极面对,这便是为什么有人能够快速从一段失败的感情中走出,有人却会因为一段感情的失败而杯弓蛇影。

被钱锺书称为"最贤的妻,最才的女"的杨绛先生,其与家人良好的亲密关系模式与其童年的幸福有着很大的关联。

虽然出生于不安宁的岁月,但作为杨家唯一一个女儿,杨绛一直被家人极力关爱着。

不管多难,父母都把她带在身边,而父母的相处方式也给杨绛留下了深刻的印象,她曾在文章中这样描述自己的父母:"他们有时嘲笑,有时感慨,有时自我检讨,有时总结经验。两人一生中长河一般的对话,听来好像阅读拉布吕耶尔的《人性与世态》。"

在婚后的日子里,杨绛于钱锺书,也如母亲对待父亲,会包容、会总结经验。

幸福的童年真的会让我们更容易建立起良好的亲密关系,但什么样的童年才算幸福,我们却常常对此存在一些误区。

- 误区一：父母离异的童年不会幸福

因为这一误区，很多失去感情的夫妻为了孩子苦撑着婚姻。

然而，人的一生何其漫长，一段离心的婚姻终究是病态的婚姻。有人会以漠然的态度对待另一半，只负责自己的生活；有人会抱以破罐子破摔的态度，把争吵变成家常便饭；还有人会在日复一日的消磨中，把内心的不甘从语言中释放，成为一个满是抱怨的人。

更有一些父母，一开始是为了孩子不离婚，最后却把自己人生的不幸归结到孩子身上。

说实话，这些伤害都远远超出了离异带来的伤害。

反之，就算父母离异，不管是其中一方还是双方，能够给孩子带来乐观的生活态度、有爱的生活环境，那孩子的心理并不会受到太大的伤害。

- 误区二：物质匮乏的童年不会幸福

看到过这样一个视频，一个小男孩坐在卡车的一角，开开心心地吃着泡面。

原来是暑期放假后，小男孩因为无人看管，便跟着爸爸的大货车一直行走在路上。比起家里的安稳，这种日子自然是苦的，但是小男孩十分快乐，就如同是跟着爸爸"仗剑走天涯"。

物质匮乏真的不会让人觉得童年不幸福，有人之所以会把贫穷看作不幸福的根源，是因为在贫穷的背后缺少关爱。

精神分析学家勒内·施皮茨曾做过一个类似的研究。

施皮茨分别选择了育儿所和育婴之家两个不同的地点进行对比。

育儿所位于女子监狱，违法的妇女在这里生孩子、带孩子，这里的孩子不会和母亲完全分离，但环境并不好；育婴之家是一家条件不错的孤儿院，但一个护士要照顾好几个婴儿，并且为了防止细菌感染，每个婴儿床都是独立的，护士也尽可能少地接触婴儿。

但结果令人意外，在育婴之家的91名婴儿，虽然有着良好的物质条件，但因为缺乏关爱，不仅变得呆滞，两岁前的夭折率竟超过1/3。

而在育儿所的婴儿，虽然物质条件不好，但因为妈妈不时地陪伴，并没有死亡发生，且大部分很健康。

家庭条件是否优越并不能决定一个人的童年是否幸福。只要是在充满爱的环境下长大，那童年留给他的，便是幸福的感觉。

你的爱情模式，在童年时便已注定

正如托尔斯泰所说："幸福的人都是相似的，不幸的人各有各的不幸。"

从某个角度来说，人的亲密关系分两类：一种是安全的，一种是不安全的。

不幸的童年带给我们的是不安全的亲密关系。有一个女孩曾在帖子中哭诉，童年的不幸给自己的亲密关系带来羁绊：

父亲发迹后，抛弃了共患难的母亲。女孩的童年充斥着母亲对艰辛生活的抱怨。成年后，在择偶时，她会不自觉放弃条件优渥的人，担心和这样的人在一起自己也会落得如母亲一样的下场。但当她选择条件不如自己的人时，又会因为不对等的精神世界感到痛苦。

就这样多年过去了,她的感情生活依然一塌糊涂。

事实便是如此,那些看上去过不好自己人生、处理不好感情的人,童年的不幸也许是其根源。通常情况下,我们常见的"问题恋爱"一般有以下四种:

• 忍不住去讨好

在感情中,忍不住去讨好对方的人,往往来自极端保护或极端批评的家庭。在这种环境下成长起来的孩子,对于冲突往往会感到不安。

在亲密关系中,他们很难说"不",也会在无意识中压抑自己的感受,企图得到对方的认可。这让他们没有健康鲜明的边界,一再地退让也会让对方把此界定为"懦弱"。

然而,亲密关系如同跳探戈,有退便有进。当冲突发生后,不管对错首先开始道歉的一方并不能得到对方的理解和尊重,反而更容易触发人"得寸进尺"的劣根性。

• 忍不住去控制

忍不住去控制伴侣的一方,往往来自父母保护过少的家庭。

因为没有父母的保护，凡事要通过自己的努力才能获得。看上去控制者是强势的一方，其实，他们的内心充满不安全感，在他们看来，把所有的人和事都掌握在自己的手里，生活才不会朝坏的方向发展。控制伴侣在他们看来，是保护亲密关系、保护自我的一种方式。

然而，这样的爱太过让人感到窒息，被控制的一方在时间的催化下，只想要逃离这样的感情。忍不住控制伴侣的一方，则会进入恶性循环：越控制伴侣，伴侣越想逃走；伴侣越是要逃走，他们越想要控制。

• 忍不住去逃避

忍不住逃避的人看上去很独立，他们很小便可以自己照顾自己，喜欢拥有属于自己的独立空间。但也因为从小被鼓励独立自主，他们和父母的感情并不深厚。他们看上去让父母省心省力，但事实上完全不懂得如何表达自己的情感。

所以，在成年后和伴侣的相处中，他们依然不知道如何表达自己的情感，甚至在对方展现出强烈情感或情绪时，会因为不适而想要逃跑。

• 忍不住做"受害者"

被过度控制的孩子可能会成为亲密关系中的控制者,也可能会成为一个自发的"受害者"。

面对父母的暴力、火暴脾气等,孩子早早学会顺从听话的"生存之道"。即使成年后,他们也习惯于这样的生活,于是在挑选伴侣的时候,会选择酷似父母的人,或脾气大,或控制欲强,以便延续童年时期和父母的相处模式。

听上去很不可思议,但在我们的生活中,这样的事例比比皆是。比如一个从小被母亲控制的男孩子,内向又没有主见,成年后选择伴侣时,大概率会选择一个像母亲一样的女孩。

代际相传的家庭暴力

把家庭暴力单独提出来讲,是因为这已经涉及了原则性问题。与之前说到的四种相比,家庭暴力于法于情,都是不可容忍的。

然而,这种对身心都有伤害的相处模式也是会代际相传的。父母间有家庭暴力存在,孩子在成年后很有可能也会成为其中一分子。

因为隐蔽性和私密性,家庭暴力通常发生在人们的视野之外,所以在被施暴者保持沉默的时候,家暴便会成为"公开的秘密":你不说,我便不管。

但孩子会成为长期以来的目击者和受害者。见惯了父母间不稳定的情绪,孩子在成年后也很难保持情绪的稳定,一旦冲突发生,极大程度会以父母的相处模式进行处理。

于是,新的家庭暴力便诞生了。

而家暴的表现形式也并不单是向伴侣挥出拳头。

身体暴力:家暴方对伴侣进行殴打、捆绑、强行限制人身自由等,会对伴侣身体和精神造成一定伤害的行为。

语言暴力:家暴方对伴侣长期说威胁、辱骂、诽谤等会对伴侣精神造成痛苦的语言。

性暴力:家暴方对伴侣进行性器官攻击,强行发生性行为等。

冷暴力:家暴方对伴侣施以冷淡、轻视、无交流等态度。

不管是何种家庭暴力,对我们的身心都是一种伤害,被暴力横插一杠的亲密关系也会逐渐变质。

一旦家庭暴力发生，一定要避免"鸵鸟"心态，不要担心事态暴露而影响到对方的声誉，也不要担心对方会有报复行为。做到"零容忍"，才不会助长对方的家暴行为。

所以，被家暴的一方一定要从内心强大起来，一旦心中有顾忌，便会成为对方"拿捏"自己的软肋。当家暴发生的时候，不要去合理化这一言行，也不要认定这是无法改变的事情。摆出自己的态度，也会让对方明白你"并不好惹"。

而对家暴的一方来说，想要摆脱这种暴力亲密关系，需要从两个方面入手：

第一是自我对话，追溯源头，找到问题的根本原因，然后对症下药。

第二是通过学习，了解更健康积极的伴侣相处模式。哪怕只是理论，也会因为认知的提升，在冲突发生时，可以有更多应对的方式。

走出童年阴影，不让恋爱变"神经"

心理学中有一个词语，叫"亲密关系恐惧症"，有的人渴望得到爱，但却因为差劲的亲密关系体验，他们又会在爱到来时感到恐惧。

那些在童年未被满足的心理需求，会在恋爱中展露出来，并对恋人进行索取；那些父母互动模式中的问题根深蒂固，在不经意间流露出来，让自己的行为成为一种复制。

想要走出童年的阴影，让恋爱变成一件健康快乐的事情，我们可以通过下面三个步骤对自己进行疗愈。

· **放下内心创伤**

心理学家曾跟踪研究过两个基因完全相同的同卵双胞胎，他们的父亲是一个集酗酒、家暴、赌博于一身的"恶魔"。

也因此，社会机构介入，把两个男孩拯救出来，送去了不同的地方抚养。几十年过去后，心理学家找到哥哥，发现哥哥成了和父亲一样的人，而弟弟成了一个体贴温暖的人。

由此可见，童年的创伤并非不能疗愈。因为看待事物的方式不同，事物对我们的影响便也发生了变化。有的关系无法改变，有的伤害已经造成，我们要做的,便是放下内心的创伤,放下偏见和不良情绪,直视它,走近它。

找一个宣泄情绪的通道,化解负面情绪,不要让它压抑在内心,可以在没人的地方呐喊出心中的郁气,也可以找一个解压的运动,纾解内心压抑之感;多和快乐的人接触,让自己被对方的情绪感染,避免思想走极端。

然后以平常心去回顾自己所受到的创伤,找到自己的心结所在。当你对自己内心的创伤有了正确的认识,便会放下批判心理,给予宽容和共情,疗愈便发生了。

• 通过自我暗示改变自己的行为模式

找到影响亲密关系的心结后,可以借助自我暗示的力量,让自己获得改变。

比如有人因为内在关系模式,很在意某些习惯,一旦遇上,便会失去理智,变得歇斯底里。那么在接纳内心创伤后,可以针对性进行暗示,相信自己可以做好。这并不是无用功,暗示的次数越多,你越能游刃有余地面对这些事情。

而一旦取得一次成功,便很容易让我们进入改变的良性循环。这便是心理学中所说的"奖赏效应"：当一个人做出某个决策后被证实是正确的，且产生了好结果，那大脑便会发送出"奖赏"信号，让人的信心增加。

这种改变的愉悦感会加大行为模式的改变，在经验和时间的加持下，我们的思维模式也会随之发生改变。

• 和恋人建立良好的沟通渠道

放下内心的创伤，使自己和内心建立连接，和恋人之间也需要建立良好的沟通渠道，让自己的情感有所表达。

有的人心中有爱，出口却是伤人的语言；有的人心中有情，行为却处处疏远冷漠。

这样的相处方式自然无法收获积极向上的亲密关系。

爱是要表达的，哪怕已经过了热恋期，一句"我爱你"，依然会有令人心动的作用。

说不出来怎么办？没有关系，我们还可以用亲密的行为来表达自己的爱意，比如摸摸对方的头；我们还可以通过在众人面前夸赞伴侣的方式、文字的方式来表达自己的爱意。

方式并不重要，重要的是两个人能正确表达自己的情感，也能正确解决相处中出现的问题。

在创伤治疗领域深入研究40多年的彼得·莱文说："因为每种伤害都存在于生命内部，而生命是不断自我更新的，所以每种伤害里都包含着治疗和更新的种子。"

比伤害更重要的是要有自我疗愈的意识，如此才不会让自己的亲密关系成为童年伤害下的牺牲品。

第九课　用对方法,让感情避开"不忠"的暗礁

> 真正的爱情是专一的,爱情的领域非常狭小,它狭到只能容下两个人生存;如果同时爱上几个人,那便不能称作爱情,它只是感情上的游戏。
>
> ——席勒

几乎每一段"狗血"的情感故事都是从对感情不忠开始的。

著名作家列夫·托尔斯泰的代表作《安娜·卡列尼娜》是从女主安娜和丈夫、情人的纠缠开始的;民国才女张爱玲的人生亦是从丈夫出轨开始走向了另一个彼岸。

生活中,这种现象也处处可见,曾有朋友迷茫地问我:"是不是每段感情中都有背叛的存在?是不是不忠才是人的本性?"

当然不是,虽然不忠是感情常见的杀手之一,但它并非感情里的必然存在。

进化心理学：出轨，是存在于人天性中的基因

美国一个网站曾做过一项"我们为什么要出轨"的调查：81%的人认为，只要不被抓住，出轨并不会让人产生愧疚感；50%的人认为，报复伴侣的不忠是最能接受的出轨理由；69%的人认为，网络的发达让出轨变得更加容易。当然，还有45%的人追溯到基因源头，认为"一夫一妻制"是社会期望，并不是人的本能。

是的，在我们的基因里存在着"出轨基因"，这的确是出轨的原因之一。

一如英国演化理论学者理查德·道金斯在《自私的基因》一书中所提出的观点：男性出轨的基因动力是为了繁衍更多后代，女性出轨的基因动力是为了找到更强壮的基因。

那为什么出轨的男性多于女性呢？

这一切都要从"动物性"说起。在许多关于动物的纪录片中，我们都可以看出，雄性一直都在寻寻觅觅，主动求偶。这是因为，它们不能辨别自己的亲生骨肉，为了保证自己的基因能够传递下去，便竭尽所能地寻找更多的同类雌性，并进行交配。而拥有生育

能力的雌性动物不会有这样的恐慌和焦虑，它只需要在找来的同类雄性中选出最健壮的一个，自己的基因便可以得到很好的延续。所以，这种原始的基因焦虑让男人更容易出轨。

这也决定了男女出轨的不同状态：有的男性在出轨后并不会果断选择和妻子离婚，却也不能保证以后不再出轨；而女性出轨，则往往是因为丈夫对自己的关注度不够。

有调查数据显示，女性选择出轨，通常是在与伴侣冷战或争吵之后，在极度失望下做出的选择，并且一旦出轨，和伴侣提出分手的概率要远高于男性。

然而，就算我们的体内天生带有出轨基因，也并不代表出轨是一件可以被容许的事情。人类经过漫长的进化，建立了道德与文明，也拥有了责任。这也是人有别于其他动物的一个根本。

出轨在现代社会中不再是个人的事情，它会给伴侣和孩子，甚至父母都带来一定的伤害。这不仅背离了婚姻中的责任，更是违背道德。不过，依然有很多男性把出轨看作男人的"天性"，因为在封建时代，男性被允许拥有三妻四妾，并且没有"忠贞"的约束，也是基于此，"天下男人都会犯的错"成了男性在出轨后为自己辩解的"无敌"借口。

但事实上,道德也一直在"进化"。随着人类的发展,大家越来越看重婚姻的忠诚度,任何理由都很难再成为出轨的借口。

背叛的背后,是伴侣间的信任困境

一段感情中出现背叛,原因有很多,有的人单纯是享乐心理,有的人则可能是因为内心的需求在婚姻中没有得到满足。甚至,还有"报恩"心理、"补偿"心理、"报复"心理,等等。

电影《万箭穿心》中,马学武一直被强势的妻子压制着,尽管升了主任,分了房子,在单位意气风发,妻子依然会当着大家的面辱骂马学武。马学武只得用晚归和睡沙发来抵抗,妻子为了挽回婚姻,也做出了一些改变,但是马学武并不相信妻子能彻底改变。最终,马学武在女同事周芬面前有了被尊重的体验,面对对方的主动接近,老实的马学武选择了出轨……妻子长期以来的随意羞辱,让马学武的内心需求从未得到满足,随着事业越来越好,马学武对于内心的需求也越来越重视,于是他提出离婚。

不想家庭破碎的妻子自然是想改变的,但很明显,马学武并不相信,而妻子也不太能确定,"温柔"的自己是否真的可以挽回丈夫的心。

这其实是典型的"囚徒困境"。两名囚犯在被分别提审前约定拒绝认罪,如果两个人都不认罪,那都会被无罪释放;如果其中一人出卖同伙、承认犯罪,那便会缩短刑期;如果两个人都认罪,那都会进监狱。因为不能交流,做出选择的最大难点是不知道对方是否值得信任。

《万箭穿心》中的马学武和妻子便处于这样的困境,他们互不知道对方是否值得信任。这其实是感情中发生背叛的主要原因。要知道,不管是出于什么原因,当感情中出现背叛行为,都和"信任"两个字有关系。

对此,心理学家给出了这样的答案:**信任是对伴侣充满关心的回应,以及对关系可靠性的自信和安全感。**

感情中的信任包含三部分。

可预测性:因为对伴侣的了解,我们可以预测伴侣的行为。

可靠性：相信伴侣可以给我们支持，让我们依赖。

信念：相信不管未来怎么样，伴侣都会忠诚。

不管是缺少其中哪一个，两个人的信任都会出现漏洞，感情亦会跟着出现问题。

看似简单的信任，却是婚姻中最大的难点。通常情况下，我们不能信任伴侣是因为以下两点：

• **自卑，觉得自己不值得被爱**

当你坚信对方在任何情况下都会爱自己时，你对对方的信任会让对方感受到更多的爱意。坚定能从对方身上获得幸福感的信念，并大胆地表达自己的想法，对方对你的爱意同样会更深厚。就算什么话都不说，这也是伴侣间的一场互动。

同样，你不能坚信对方的忠诚，对方便也会在这种感受中为爱打个折扣。

尽管如此，自卑的人还是会因为觉得自己不值得被爱而不相信对方。在这种不信任中，另一方的情感需求也无法被完全填充，亲密关系的问题便会凸显出来。

• **敏感思维，让伴侣觉得不被信任**

负面思维会让我们把事情往坏的一面去想。比如伴侣晚归两个小时，负面思维便会带我们在这两个小时里设想各种悲观的结果。这样的精神内耗会让伴侣的每一次晚归都变成对自己内心的折磨，要么情绪崩溃，对伴侣释放怒火，要么心灰意冷，想要放弃感情。对方亦会在这样的折磨下生出退出感情之心。

当我们在感情中不再彼此信任，感情中出现的误会也会失去辩解的机会。当然，就算是"无奈"出轨也不值得同情，但出轨背后的原因值得我们深思。

除去人品问题，如果我们可以懂得在感情出现问题时给对方一些信任，留下一点儿改变的机会，是否可以避免背叛的发生呢？我们要明白，信任是相互的，当一个人感受到自己被充分信任时，那种由内散发出来的精气神能帮助他更好地约束自我。

精神出轨，是一场情感的迁徙

精神出轨算不算出轨？肉体出轨和精神出轨到底哪一个更严重？

"精神出轨"这个词语自20世纪90年代出现后便一直存在争议。精神出轨真的是太难界定了。伴侣和某一个异性发了一次暧昧的短信,算不算精神出轨?伴侣对某个异性很热心,总是去帮助对方,算不算精神出轨?

这些感觉都会让我们内心产生不舒适感,但因为没有实质性的行为,只能在对方的辩解声中体会无力辩驳的无奈。

诚然,到底什么样的程度可以算是精神出轨,我们很难界定,但精神出轨后的行为有着统一的表现。

失去分享欲,爱上独处:要么晚归,要么回家后沉默寡言,看电视玩手机,拒绝交流。

做事敷衍,不在意对方感受:伴侣的情绪、伴侣的亲热,都变成多余的"累赘"。

心生厌烦,抱怨声重:挑剔对方的言行,把伴侣和别人做比较。

我们可以看出,虽然精神出轨没有发生实质性的行为,但已然让感情发生了变化。精神出轨是一场情感的迁徙,当对方的精神世界全是别人时,对伴侣的态度、对感情问题的处理方式都会发生改变。因为难以分辨和"无实锤"性,在感情中,精神出轨很容易出现。

一般情况下，精神出轨都很难受到自我约束，如同一个人内心的狂欢不用担心被人知道，再加上没有实质的行动，精神出轨的人并不会觉得自己在感情中"犯了错"。

所以，精神出轨也是一场严重的情感危机，它不仅会影响当下的亲密关系，还会在得不到恰当抑制的情况下变成实质性出轨。

那我们应该如何预防类似的事情发生呢？这里告诉大家两个方法。

· 看重日常，储存情感

我们在感情中常常会感到事与愿违，是因为感情最终会归于平淡，而平淡在时光中最容易被忽略。一天两天没什么，但时间久了，忽略便会积压成不爱的证据。

但我们也不需要为了证明爱去做一些特别难的事情，在日常生活中多一些用心即可。时不时来个小礼物，表明随时的惦记。这份礼物不一定昂贵，不一定要名牌，出差所在地的特产，回家途中看见的一份小吃，哪怕价值只有几块钱，可是来自内心的惦记无价。

时不时来点儿"服务",表明自己的体贴,比如为伴侣递一杯水,切一盘对方喜欢的水果,这些不起眼的小事都是体贴的"证据"。再多一些身体接触,表明自己的爱意,拥抱、牵手等动作,便是无声的"我爱你"。

这些日常甜蜜最终都会成为矛盾发生时的柔顺剂,即使吵得再凶也能坚定对方的爱意。这样的信任便成了抵御精神出轨的坚硬城墙。

• 就事论事,让感情越吵越好

两个人感情再好也会因为思想差异产生冲突。

所以,伴侣间有冲突并不可怕,可怕的是不懂得如何处理冲突。有人会在一开始有冲突的时候选择息事宁人,结果没有得到解决的冲突越积越多,最终引来情绪爆发,翻旧账、撂狠话,怎么伤感情怎么做。

想要"越吵越亲密",只需要在冲突发生的时候就事论事,解决问题。

当冲突发生的时候,不要冷处理,也不要情绪先行,更不要委曲求全,就事情本身进行讨论,互相交换意见,都站在对方的立场去思考问题,然后找出解决的办法,感情才不会被冲突影响,两个人也会在这个过程中加深对彼此的了解。

当然,生活并非只有黑白之分,对于一些无法解决的事情,我们也不一定要即刻讨论出答案,有时候,时间会给出最好的解决方式。

不忠已出现,我们该如何救赎自己?

我们之所以会如此痛恨出轨事件,就是因为它对当事人造成的伤害难以预估。

伴侣的出轨,首先会打击到对方的自信,让其陷入自我否定中:是我失去了对异性的魅力?是我不够温柔贤惠?还是我不够能干?接着,伴侣会发现自己的利益受到损害:情感的损伤、面子的损伤、经济的损失。

通常情况下,当背叛出现时我们会把重点放在后面这些利益损害中,但最难让人走出的伤害是出轨带来的心理伤害,如同创伤后应激反应,有人会因此陷入内心困境很多年。

所以,当感情中出现不忠,我们需要从三个方面修复内心。

• **重拾自信，停止自我伤害**

背叛如同一颗钉子，就算连根拔起，也会在内心留下痕迹。尤其是因为背叛引起的自我怀疑，会让我们进入一个极端，丧失安全感。这不仅会影响我们对感情的处理，还会对我们的生活造成一定的困扰。所以，我们要做的第一件事便是找回自信，外在的改变、结识新朋友、找回爱好，都可以让我们慢慢改变。

同时，我们还要注意避开两个错误思想，一是不要动不动就去反思自己。固然，凡事有因才有果，但出轨的错误是无法被开脱的。尤其是内心还没有痊愈的情况下，尽量有意识避开"我也有问题"的想法。

第二个错误的思想，便是过于着急走出创伤。越着急原谅和遗忘，我们的内心越矛盾越会被过往纠缠。避开思想误区，我们的自信会回来，再回首，内心也会坦然。

• **停止自我谴责，了解出轨成因**

当出轨发生后，被出轨的一方在责怪对方的同时也会自我谴责，认为"一个巴掌拍不响"，婚姻出现问题，双方都有责任。而一旦产生这样的念头，便会不断在回忆中找吻合的地方，然后深陷自责中。

所以，找回自信后，下一步我们需要找出出轨的原因，停止一味地自我谴责。一般情况下，出轨分为两种：

第一种是普通出轨，出轨者为了逃避自己在一段关系中的失败，想通过第三者来找寻被崇拜的感觉。

第二种是寻求刺激出轨，出轨者觉得生活过于平淡，然后不负责任地去追寻这种刺激的感觉。

只有了解了出轨的原因，我们才不会盲目地自我谴责，把对方的出轨归结为自己的错误。也只有明确出轨原因，才能确定这场婚姻的问题，是两个人的相处问题，还是因为三观不契合的问题。

• 自我救赎，跳出"原谅"陷阱

有很多被出轨者在知道真相的后期会陷入要不要原谅对方的陷阱中。但事实上，出轨这个议题本质上讲不存在原谅或不原谅，而是接受或不接受。同时，我们要做的也不是救赎婚姻，而是要在这场不忠中救赎自己。这才是三个方面中最重要的环节。

当我们重新拥有了信心，也了解了对方出轨的原因，那么我们便需要抛开情绪，从理智出发，去思考通过何种方式来救赎自己。比如对方有着不同寻常的三观，认为"出轨"并不是什么原罪，那你是否接受另一方带着这样的观念与你继续生活？又或者出轨的原因是认为自己生活失败，企图在第三者身上找到认同感，那你是否接受一个不断否定自己的失败者？

找到出轨根源后，我们可以先通过其他的事情来转移自己的注意力，比如去旅行、看书，尽量让自己抛开负面情绪来思考问题。

你对过去的牵挂是什么？你对未来的担忧是什么？你对他是否还有感情？

如此一系列的问题，可以帮助你看清自己的内心，而听从自己的内心，才能做出不让自己后悔的决定。

诗人雷舒雁曾感慨道："婚姻如同穿鞋，舒服不舒服，只有脚知道。"婚姻存在的意义是为了让我们获得风雨中的避风港，而不是在港湾中感受暴风雨。所以，在婚姻的前进道路上，不要忘了随时审视自己的婚姻以及自己的内心。

第十课 警惕"假性亲密",别让它拖垮你的感情

> 当两人之间有真爱情的时候,是不会考虑到年龄的问题、经济的条件、相貌的美丑、个子的高矮等外在无关紧要的因素的。假如你们之间存在着这种问题,那你要先问问自己,是否真正在爱才好。
>
> ——罗曼·罗兰

每当我们被隔空"撒狗粮"的时候,总是会自嘲可能"谈了个假恋爱""结了个假婚"。

虽然是一句玩笑,但对有的人来说,真的如同谈了个假恋爱、结了个假婚,看上去符合恋爱、结婚的过程,但并没有亲密关系的精神内核。

我身边有一对年轻的夫妻便是如此。两个人是从校服到婚纱的"毕婚族",按说这样的感情美好又真挚,可是婚后三年,他们还是再次走进了民政局。

原来,当他们真正生活在一起后,发现婚姻并非和自己想象的一般,但为了不影响感情,他们努力压

制自己的情绪，避免吵架。然而，随着时间的推移，他们避开的问题依旧存在，且分歧越来越多，最终成为不可调和的矛盾。更令人感到悲哀的是，直到他们离婚，周围的人还都不明白他们之间到底发生了什么，因为他们从未对婚姻有过抱怨，更没有过激烈的争吵。

这便是典型的假性亲密关系：没有争吵，没有家暴，更没有出轨，像所有幸福的恋人一样，会牵手，会拥抱，但精神世界并不靠近，甚至随时都可能分崩离析。这种表面亲密，实际却保持距离的关系，形式大于内容，是双方经过心理博弈后产生的一种防御机制。

而一段良好的亲密关系，是相信自己的价值，也能看到伴侣的价值，能依赖伴侣，也能保留空间。如此具有弹性的"安全型依附关系"才是科学的亲密关系，亦是能与时间赛跑的亲密关系。

爱是一种能力

心理学家埃瓦尔德·海林说："我们的感情和态

度面对的对象不仅只有其他人,也包括我们自己。"

一个拥有爱的能力的人,往往更容易获得幸福。然而,走进感情的圣殿才会发现,拥有爱的能力并不简单。

一般常见的问题是分不清"迷恋"和"喜欢"。

对一个人迷恋的表现往往是在还不了解对方时就忽略对方的缺点,将对方当作心中想象的"完美恋人",疯狂"爱"上对方。值得注意的是,这种"爱"充满占有欲。喜欢一个人则是在了解对方的基础上,看到对方的优点,不会"疯狂",但却持久,且不畏惧承诺。

在一档调解节目中看到这样一个故事:女孩是一名幼师,从小到大几乎没有做过什么出格的事情,但偏偏爱上了一个已婚男人。两个人在一起并不快乐,吵架也是家常便饭,可就算对方的妻子找上门来,女孩依然不肯放手。细究之后,才在女孩的只言片语中找到答案。原来,女孩特别喜欢电视剧《大宅门》中的白景琦,她觉得现在和自己交往的男人很像白景琦,所以舍不得放手。

这个理由听上去很无厘头,但在我们身边有很多类似的人,因为某个浪漫的场景、特定的人设爱上对方,结果在正式走进感情后才发现,对方并非自己想象的样子。事实上,这不是因为对方变了,而是因为迷恋的作用消失了。

但真正的爱不一样,虽然它也有"激情"的成分,但在"激情"消退后,会留下掺杂了亲情的温暖、友情的义气。因为了解对方,看得见对方的优点,也看得见对方的缺点,所以所做出的感情承诺就不是一时冲动,这会让感情更加持久。这一点,恰恰是迷恋所给不了的。所以,当一个人在择偶方面一错再错时,便要好好反思一下自己,是否错把迷恋当成爱。

阻挡我们幸福的,除了对迷恋傻傻分不清楚,"爱无能"也是重要的原因之一。

爱无能是一种情感疾病。顾名思义,所谓"爱无能",便是不具备"爱"的能力,不愿去爱,不懂去爱。

导致"爱无能"的因素有很多,有人是因为在上一段感情中受到伤害或背叛,从此心灰意冷,不敢再爱;有人是把所有一切都排在爱情的前面,一旦需要选择,便会率先放弃爱情;还有的人是不懂得爱,常常会走进两个极端,要么追求完美的对象,要么错把一夜情当成爱。

在现实生活中缺乏爱,在向往的生活中不期待爱,甚至觉得自己不值得被爱,这样的人最容易"爱无能",如同丢失了幸福的能力,就算有适合的感情出现在面前,也能把一切搞砸。

滞留的矛盾,是假性亲密的关键

如前面所讲,迷恋、"爱无能",都是假性亲密的成因。但假性亲密的关键,是伴侣间那些没有被解决的矛盾。

积水成洼,堆土成丘,那些小矛盾日积月累,不仅会成为两个人之间很难跨越的鸿沟,更会让两个人的相处变得"僵硬",一般有以下三种表现形式:

•"忍字诀"维持表面和平

很多人之所以会维持表面的和平,是因为利益和面子。当两个人被巨大的利益捆绑在一起时,便会把矛盾压下来,在外人面前佯装亲密。当两个人中的其中一方十分看重面子时,也会为了避免他人异样的目光不敢吵架，不敢去深究矛盾，只为给他人留下幸福的印象。还有人会因为父母的健康、孩子的成长，面对矛盾时选择隐忍不发。

然而，那些没有被解决的矛盾并不会随着忍耐消失，两个人也最终会因为这些矛盾渐行渐远。具有特色的高考后的"离婚潮"便是如此。

因为这种亲密关系中总有一方会率先怀疑"忍"的意义。可以说，这是一种很消极的相处方式，没有情绪的起伏，对方便不知道你内心的波澜；没有语言的交流，对方便不知道你对某件事的看法。最终，一个费尽心力隐藏情绪，一个却丝毫不知道问题已然出现。

·刻板印象成为亲密绊脚石

很多人在和伴侣相处多年后，突然会在某一件事中发现自己一点儿也不了解自己的伴侣。这其实并不是伴侣隐藏太深，而是因为他们在相处过程中被刻板印象局限，对对方的了解停留在最初。

很多亲密关系会出现问题也是基于刻板印象，初遇对方时，对方是一个大大咧咧的人，便觉得对方不需要细腻的情感表达，于是在日后的相处中就忽略了这一点；对方在某个特定时期说自己并不讲究仪式感，便觉得对方不是一个浪漫的人，于是在日后的相处中不再主动表达爱意。

事实上，不管对方一开始是不是大大咧咧、不在意细节的表达，是否真的不喜欢仪式感，我们都要明白，人的情感需求会随着时间变化，甚至在不同的环境下也会发生改变。一旦让刻板印象蒙住双眼，停止探索对方的情感需求，问题便会出现在亲密关系中。

• 错误地解决矛盾

在亲密关系中，有人是想要解决矛盾，让两个人的关系越来越亲密的，但常常用错方式。

比如有人会因为前期的迷恋，过度解读对方的言行；比如对方会挑剔你的着装或者是出行时间，而你却把这些当作对方爱和在乎的表现。等到激情退却，你不再把对方的种种挑剔当作一种享受时，却因为习惯的养成，早已无力改变这种相处模式。

还有的人喜欢用"冷静"的方式来解决矛盾，当矛盾出现的时候会迅速抽离，并美其名曰自己想静静，也让对方静静。冷静之后，看上去两个人都没有多大的情绪起伏，但问题被搁置，并没有得到妥善处理。

虽然这三种假性亲密的形式不同,但我们还是可以从中探得假性亲密关系的明显标志,便是在日积月累中形成了固定的相处模式:忍的人一直忍,藏的人一直藏,冷暴力的一直冷暴力,两人交往中存在的所有问题始终未曾解决。

假性自我,是假性亲密的本质

想要从根本上解决假性亲密,仅知道它的表现形式是不够的。

我们最先要了解的是自我,因为假性亲密的本质便是假性自我。

心理学中有个词语叫"镜映",指的是养育者需要像镜子一样对孩子的价值、成绩和成就做出适当的反应。

一个人会出现假性自体,源于早期养育中的镜映失败。养育者不是对孩子的一切做出反应,而是要求孩子按自己的方式来做。当孩子不能调整自己以满足养育者时,养育者通过冷漠或惩罚来训练孩子,孩子便会倾向于发展出一种假性自体。

即当一个孩子被要求成为"乖孩子""勇敢的孩子"时,他们便会逐渐戴上虚假的面具,隐藏自己真实的个性。

这些孩子可能会很优秀,成为备受羡慕的"别人家的孩子",但他们的内心并没有真正连接到自己的情绪。所以在生活中,我们常常会看到一些年纪轻轻就成功的人内心却并不快乐,这便是因为他们的努力都是为了满足操控自己的养育者,自己并不能从中体会到成就感。

通常情况下,产生假性自我的孩子分两种:

一种是表演型的孩子。这类型的孩子和父母的互动方式主要是逗父母开心。

另一种是观众型的孩子。这类型的孩子和父母的互动方式主要在于接纳父母的一切,比如父母的抱怨、父母的坏习惯。

但不管是表演型还是观众型的孩子,在成年后的亲密关系中,依然会把这种假性自我延续下去。

比如在父母面前是"观众",总是顺从父母的人,在成年后的亲密关系中,很容易把这种相处模式复制进去,即不管伴侣做什么,都以被动的形式接纳：伴侣发牢骚，他便在一边听着；伴侣有什么不好的习惯，也不会主动去沟通。

在时间的磨砺下，伴侣便逐渐被"培养"为和父母一样的人。在这样的亲密关系中，看上去过分的是伴侣，但事实上，他在以自己的方式操控着伴侣。而在这样的"操控"中，他也不会感到真正的快乐，因为他所表现出来的并不是真实的自己，"操控"也并非自己真实的意愿。

同样，一个善于"表演"的人，在成年后也会把"哄人大法"用在伴侣的身上，当矛盾出现时，他可能会用幽默的方式来化解对方的怒气，但矛盾并不会被真的解决。

不管是"表演"还是"做观众"，在亲密关系中，他们都没有做真实的自己，或忽略压抑自己的情绪，或操控伴侣的情绪和注意力，最终都忽略了亲密关系中真正的矛盾。

走出假性亲密的怪圈，从"心"做起

克里斯多福·孟在《亲密关系》中说："你对待

伴侣的方式事实上就是你对待自己的方式……你对伴侣付出什么，就是对自己付出什么。"

假性亲密关系也是如此，戴着面具对待伴侣，亦是戴着面具对待自己。

那要如何打破假性亲密的魔咒，拥有灵魂契合的高质量亲密关系呢？我们可以从下面三个方面进行：

• **学会辨别真正的亲密关系**

说到底，感情始终是两个人的事情。一个人努力，永远体会不到双向奔赴的快乐。

我们首先要明确，自己在亲密关系中是一种什么样的状态：是想起来就心安，还是充满愤怒；是情绪流动很顺畅，还是小心翼翼不敢流露情绪。

确定了自己的状态，再去分辨形成这种关系模式的原因：是因为自己还是对方；是因为过于珍惜不敢把矛盾拿出来解决，还是息事宁人，觉得没必要大惊小怪。

辨别出真正的原因后，才能对症下药，及时解救自己的亲密关系。

• 提高警惕,建立预防意识

在所有的假性亲密关系中,一半是因为性格、环境等因素,还有一半则是因为疏忽大意。

很多人的亲密关系一开始是良好的,但随着感情的深入,会逐渐放松对情感方面的关注。相信很多人对这一点都深有感触:婚前浪漫无敌,婚后装傻充愣。

一句"老夫老妻",便省略了所有促进感情的仪式、对对方的体贴关心等,虽然不至于天天因为这些小事吵架,但好好的感情也会慢慢变成"将就"。

不要在感情中做"温水青蛙",时常保持警惕,可以避免让自己的亲密关系进入"假性"的模式化。我们要相信,感情里的每一件小事都不会白做,所有好的细节最终都会成为感情的基石。

• 勇敢做真实的自己

最后我们要说的,是要学会做真实的自己。

活在人群中,我们常常会压抑自己的天性,让自己成为他人期待的样子,因为这样可以让我们轻易获得赞美、肯定和掌声。时间久了,我们便会忘记自己真正的样子,甚至会失去做回自己的勇气。

其实，一个人只有做自己才更容易拥有幸福的人生。因为做自己可以让自己真实地感受快乐，可以让自己享受轻松。你不必因为担心他人的目光而不敢做渴望的选择，你也不必担心自己的选择会带来不被他人认可的后果。忠于自己的你，才拥有无限可能。

同样，在亲密关系中，也许真实的你并不完美，但可以让你更清晰地感受到自己的情绪，也明白内心真正的需要。

如此，我们才能更好地和伴侣沟通，因为你的每一次愤怒、失望、高兴、激动，都是我们对自己或伴侣的内心渴望。也只有如此，我们才可以向伴侣正确表达自己的感受和需求，做到有效沟通。

亲密关系是两个人的关系，也是和自己的关系，不排斥自己的内心，不消极对待，我们不仅会拥有一段好的亲密关系，自己也会成为越来越好的人。

第十一课　掌握"沟通潜规则"，
　　　远离爱的无形边界

> 在婚姻上，最具毁灭性的问题在于缺乏沟通，尤其是爱情、性和金钱方面。
>
> ——奥茨

我曾在一档综艺节目中看到一对夫妻的相处模式，感触颇深。

丈夫发现妻子看完自己的手机后没有放回原处，便质问妻子为什么不放回原来的地方。妻子无辜地表示，手机是丈夫递给自己的，但丈夫并不承认，妻子便顺着说自己不记得了。

本以为妻子息事宁人的态度可以避免一场争吵，却没有想到丈夫把妻子的话上升到了说谎的程度，开始对妻子进行人身攻击。

新一轮的争吵一触即发……

本来好好沟通便可以解决的问题，却因为语言和态度，成了一场伤害感情的较量。

虽然是综艺节目中的一个片段，但这样的事情在我们的生活中比比皆是。

明明只是一件小事，却因为沟通问题让情绪失控，语言失和。

这便是典型的无效沟通。

作家莫鲁瓦曾说："没有冲突的婚姻，几乎同没有危机的国家一样难以想象。"

一段亲密关系中，可怕的并不是出现冲突、发生争吵，无效沟通才是亲密关系最大的杀手。

什么是无效的伴侣信息传递？

任何一段关系都离不开沟通，尤其是亲密关系。

有效的沟通可以让两个人针对事情本身找到解决问题的方式，哪怕争吵也会让人感受到爱的存在；无效的沟通不仅不能解决问题，还会让事态升级，从而一发不可收拾。

因为无效的伴侣信息传递不仅不能让两个人的亲密关系更进一步，还可能会因为错误的表达让对方会错意，出现新的矛盾。

婚姻教皇约翰·戈特曼经过 40 年的研究，总结

出了以下常见的四种无效沟通模式,并称之为"末日四骑士":

• **批评**

没有人喜欢听批评的话语,尤其是来自最亲密的人的批评。

心理学家赫洛克曾做过一组叫"赫洛克效应"的实验。

参加实验的人被分为四组,每一组都需要完成同样的任务。不同的是,第一组在完成一项工作后会得到表扬;第二组在完成一项工作后会被严厉训斥;第三组可以听到对前两组的表扬和批评,但自己得不到任何反馈。第四组则与前面三组隔离,作为参考组,既不知道其他组会有反馈,也得不到反馈。

最后的实验结果是,第一组的成绩远远优于其他组。因为人的大脑更喜欢正面的反馈,恰当的肯定可以让它更好地配合行为。

伴侣间也是如此,批评太多了,便会产生抵制情绪,自然不能很好地沟通问题。

在向我倾诉的女性来访者中,大部分都是这种沟通的"叛逆者":妻子辛辛苦苦带了一天孩子,丈夫回家后不但没有赞扬和体贴，反而开始"找碴儿"，批评妻子把孩子带得不精神，卫生也没有做好，等等。

被说得多了，妻子对于在家带孩子便有了消极念头，要么不情不愿地继续，要么直接排斥，要求丈夫自己来做。

- 鄙视

鄙视可以称得上是伴侣间最糟糕的沟通方式了。因为鄙视是对对方的不尊重，用负面的思维去揣摩对方，并在说话的时候不在乎对方的感受，对爱人来说，真是没有比这更令人痛苦的了。这样的沟通方式一般会产生两种结果：一种来自"期待效应"，当对方总是被鄙视的时候，往往会因为不甘和委屈去做"报复"之事；另一种则会因为对方言语中表露出来的厌恶之情，心灰意冷，产生逃避的念头。

爱是流动的，语言则是让爱流动的重要方式之一。试想，当你说出的话里总是带着蔑视之感，对方怎么会感受到爱意？要知道，谁也不愿意每天都和一个完全不尊重自己的人生活在一起。

- **辩护**

在感受到攻击的时候,人一般都会树起防卫之心,然后不自觉为自己辩护起来。

看上去,防卫的一方没有主动挑起争吵,但防卫的语言方式就隐含着把问题推给对方的意思,这不仅解决不了问题,还会让对方有一种不负责任的感觉,冲突也会因此升级。这种沟通模式在我们生活中是最常见的,本来是一件极小的事情,也许妻子仅仅是唠叨了一句,丈夫便会如同炸毛的狮子一样吼起来。随后两个人的情绪被点燃,一发不可收拾。比如妻子抱怨丈夫回家只知道坐在沙发上玩手机,丈夫立马替自己辩解起来,诸如自己忙了一天、一点儿都没有休息、妻子不许自己玩手机是对自己的不体贴之类的。这样的语言很容易勾起妻子的怒火:你在外上班很累,我在家就很闲了吗?

于是,一场各自诉说自己辛苦的争吵便开始了。

- **冷战**

冷战的沟通模式对伴侣的杀伤力同样不容小觑。当你选择沉默的时候便意味着拒绝沟通,解决问题的大门也会因此关闭,甚至还会给伴侣传递出错误的信息,那就是我不在乎你,所以我可以漠视你的语言。这个时候,被冷战的一方为了让自己不伤心难过,便开始逐步抽离自己的感情,一次两次,最终失望攒够,也会成为冷漠的一方。

这样,亲密关系的沟通之门便关上了,两个人的关系也变得岌岌可危。

不幸的婚姻各不相同,但幸福的婚姻大多相似,想要给伴侣有效的信息传递,让对方感受到情感所在,让两个人的关系日渐亲密,我们要先从自身做起。

增强自己的感知力,降低沟通差异

著名社会语言学家黛博拉·泰南在《听懂另一半:从沟通差异到弦外之音》中写道:"如果女性使用的是一套有关人际关系和亲密性的语言,而男性使用的是一套有关地位等级和独立性的语言,那么两性对话就堪称一种跨文化交流,很可能因不同交谈风格的冲撞而受害。"

因为对事物理解的不同,男女沟通的思维方式也不同,伴侣也不例外。

想要减少无效沟通，可以从增强自己的感知力开始。我们先来回顾一下自己的生活，把争吵的小事抽丝剥茧，会发现那些无意识的对话中隐藏着很多假设，但对方不知道它们的存在，我们的对话也因此失去了意义。

比如说下班回到家的丈夫看到孩子把家里弄得很乱，便抱怨妻子不是一个勤快、爱干净的人，在丈夫的潜意识里，他认为收拾屋子是一件很轻松的事情，毕竟妻子有着一整天的时间。妻子听了丈夫的话，大脑中也会涌出无数个假设：丈夫应该理解带孩子的辛苦，上班可比带孩子轻松多了，晚上一起收拾家务也是应该的。有了这样的想法，有了这样的设定，妻子对丈夫的抱怨便会毫不留情地反击回去，一来二去，争吵开始了。看着固执己见的对方，另一方的内心更是崩溃，觉得对方一点儿也不理解自己。

如果两个人有着不错的感知能力，便可以在对方的语言中感受到一些自己不能理解的假设，然后站在对方的角度去看待问题。

还是之前的例子，丈夫回到家后看到家里乱糟糟的，代入妻子带了一天孩子的情景，明白妻子的耐心已经达到临界点，这个时候主动承担部分家务，便足以让妻子感受到爱意。甚至，仅仅是"辛苦了"这三个字，也能让两个人的沟通有一个良好的开头。

看到丈夫理解自己，妻子便会解释为什么今天没有来得及收拾房间，因为邻居家有小朋友过来玩耍；因为孩子突然情绪不稳定，哭闹不止；因为昨夜没有休息好特别疲惫。不管是哪一种，妻子的解释都可以让丈夫更明白屋子凌乱的原因。而情绪平和的妻子也更容易从丈夫的神情和动作中感受到丈夫的疲惫，然后理解对方在下班后需要休息的心态。

的确，感知力可以让我们对对方的处境感同身受，让沟通有一个良好的开端。这其实是非常重要的一点，我们可以回忆一下，自己是否曾经准备了很多心里话想要说，却因为对方的一句话而一个字都吐露不出？

这不仅阻碍了我们对伴侣表达的需求，还会因为沟通不畅引起不同程度的误会，两个人的亲密关系也会因此受到影响。

所以，不要小看感知力带来的良好开端，这足以让你的沟通进入一个良性循环。

正确的沟通,让爱更有力量

作家温·卡维林说:"推心置腹的谈话就是心灵的展示。"

正确的沟通亦是如此,它不仅可以让我们和伴侣进行有效的沟通,解决生活中遇到的问题,还能让我们展示出自己的细密情感,让爱更有说服力。

所以,除了培养自己的感知力,我们还要提升自己的沟通能力,正确表达自己的感受和需求。这并非一朝一夕练成的,不过不要担心,你可以尝试以下三个"万能公式",快速打通有效交流的通道,让爱的表达再无阻碍。

• 以我开始,以我结束

在沟通的时候,我们常常会进入一种误区,那就是一心表达自己的委屈和观点,这样的表达一般都具有谴责性。

丈夫应酬夜归,妻子因为担心丈夫睡不好觉,这势必也会影响妻子第二天的计划。于是在丈夫回来后,妻子把担心化为愤怒,谴责对方的行为让自己无法好好休息,常见的语句便是"你一天到晚就知道喝酒,到底有没有考虑过我的感受"。丈夫听了这样的话,就会把注意力放在"一天到晚喝酒"这几个字上,然后不自主地进行辩解,并心生逆反。妻子听了这样的话更会觉得丈夫没有悔改之心,下次还会如此。

但当我们以第一人称来陈述事情的时候,就不会轻易把矛头指向对方,比如这样说,"我知道你喝酒是不得已,但下次还是早点儿回来,因为我会担心得一晚上都没法睡觉。"

以"我"开头,以"我"结束,这样的句式,既能表达出自己对丈夫的关心,也能明确提出自己的要求。

- **一次只解决一个问题**

伴侣的情绪之所以会因为小事被引爆,是因为心中积压着很多过去发生的事情,这些事情中或许还存在矛盾,又或许存有未被处理好的愤怒。但把过往翻出来,绕着圈子争吵,并没有实际的意义。就事论事,才是解决问题的态度。不要小看一次只解决一个问题,当每一个问题都解决彻底了,伴侣之间的无形隔阂也会消失,真正的亲密关系便会就此诞生。

所以当矛盾发生的时候,不要情绪先行,着眼于这件事,揪出关键点,找出解决方案,这才是有效的沟通。

- **适当暂停,及时启动**

在沟通时,当暴力语言即将脱口而出时,一定要及时按下暂停键。

"良言一句三冬暖,恶语伤人六月寒。"任何情况下的暴力语言都会伤害到对方,哪怕事后道歉也无法抹平存在过的痕迹。当情绪无法控制的时候,适当停一停,暂时离开几分钟,找一个安静的地方,安抚好自己的情绪。但一定要注意的是,冷静不代表冷处理,平静之后及时启动沟通才是关键,不然事情得不到根本的解决不说,还会让对方觉得自己遭遇了冷暴力。

一个好的伴侣可以抵挡人间一半的苦难,但好的伴侣从不会从天而降。懂得沟通、学会经营,是让自己越来越幸福的秘诀。当你学会良好的沟通方式,把有效的信息传递给伴侣,你会发现,原来自己和伴侣的关系并没有想象的那么糟糕,你的爱人亦如从前。

第十二课　爱情三角理论

> 何为爱情？一个身子两颗心。何为友谊？两个身子一颗心。
>
> ——约瑟夫·鲁

在前文中，我们对亲密关系中存在的问题进行了具体的分析，但亲密关系的问题千变万化，想要从根本上解决，我们还需要系统地了解爱情的模式，以树立正确的爱情观，让自己避免受到爱情的伤痛。

美国耶鲁大学社会心理学家罗伯特·斯腾伯格从心理学的角度提出了"爱情三角理论"，认为爱情是由"激情、亲密和承诺"这三部分组成的。

激情：爱情中的情欲成分，虽然浓烈，但"保质期"短，最终会消失。

亲密：爱情中的温情部分，基于精神世界的契合，两个人在长久的相处中可以感受到彼此的温暖。

承诺：爱情中的长远期许，双方在关于未来的规划中都有彼此的存在。

在一段感情中，这三者可能会单独出现，也可能会两两出现，但只有三者同时出现才是完美的爱情。

所以，斯腾伯格通过这三个元素，将爱情分为了七个类型：**喜欢式爱情、迷恋式爱情、空洞式爱情、浪漫的爱、愚蠢的爱、相伴之爱、完美的爱。**

喜欢式的爱情只有亲密，没有激情和承诺，这种类似朋友的感情或许可以"升级"为爱情，但也可能会失败。

迷恋式的爱情只有激情，没有亲密和承诺，这种感情像爱情，却没有爱情中陪伴的特性，这样的感情很难长久。

空洞式的爱情则只有承诺，没有激情和亲密，这种看上去拥有圆满结局的感情其实是很难持续下去的，正所谓"婚姻如鞋，合不合脚只有当事人才知道"。

民国才子徐志摩和张幼仪的婚姻便是如此，在两家人的主张下，他们走进了婚姻的殿堂，但他们既不了解彼此对感情的期待和生活的规划，也没有对对方一见钟情的激情。

张幼仪不知道徐志摩的需求，徐志摩也不知道张幼仪的思想。尽管张幼仪一再想履行婚姻里的承诺，但生性浪漫的徐志摩一直在婚外寻找富有激情的爱情。所以,这段婚姻最终以离婚收场。

爱情三角理论中的三个因素单独出现时,我们其实是可以明显感觉出感情问题的,所以排除外在的因素,这样的感情误区并不会让人身陷其中。

但三个因素两两组合之后,便会戴上类似爱情的面具,让我们真假难辨。

接下来,我们一起来看其余几种复杂的爱情类型。

很难持久的爱情——浪漫的爱

浪漫的爱是由激情和亲密组成的,这种既被彼此外在吸引,又对彼此内在认可的感情看上去相当契合,是很多人尤其是女性向往的爱情。

因为激情和亲密的双重作用,浪漫的爱情能够高度唤醒我们心理和生理的某些感知,让我们因为兴奋而更加爱恋对方。所以,身陷浪漫式爱情中的人更容易被爱"冲昏头脑",失去理智,不再去考量一些客观事物。

典型的代表便是《泰坦尼克号》中罗丝和杰克的

爱情。杰克带罗丝参加下等舱的舞会,为罗丝画像,这样的激情和亲密让他们忽略了现实的差距,沉浸在浪漫的爱情当中。

他们的爱情在邮轮撞上冰山后经历了生死考验,成为被众人歌颂的伟大爱情,但这并不代表浪漫之爱落入生活中能拥有长久的幸福。

在平淡生活中,没有承诺的浪漫之爱最终要面对种种现实问题,正所谓"相爱容易相处难"。

所以,浪漫之爱往往让人笑着开始,哭着结束。想要避开这一点,我们在面对爱情的时候可以给自己设定三个原则。

• **对现实问题,不要避而不谈**

其实很多人在谈感情的时候是不敢谈现实问题的,毕竟,人们已经"发明"出了很多的词语来攻击这样的情况,比如"拜金""虚荣"等。

但其实,在感情中合理谈现实的问题与"拜金""虚荣"没有半分关系。

相反,很多不谈现实问题的人很容易用这些问题去"绑架"对方:

"真正爱一个人怎么会要求这么多呢?"

"你若是真的爱我,为什么要在意这么多?"

但其实,感情的最终落点是回归现实,两个人需要一起面对生活中的种种琐碎。对于现实的问题,谈得越多,了解越多,越有利于做出长久的承诺。

如果你在感情中谈及这些问题时,对方避而不谈,或者刻意曲解你的用意,那你就要注意了。

• 对于原则的问题,不要拖泥带水

浪漫的爱情固然吸引人,可当出现原则性的问题时,还是要当断则断,才能不受其乱。

原则性的问题有很多,比如对方是已婚的身份。

浪漫式爱情的开头最容易迷惑人的眼睛,让人感到"完美",但时间久了问题也就出来了。如果对方已经身在婚姻,或者对方只想恋爱并不想结婚(而你恰恰想拥有婚姻),那便要严肃对待。

感情的事情最怕拖泥带水,拖的时间越长,沉没成本越高,亦越难放下。不把自己的感情建立在伤害另外一个人的基础上,也是对自己的一种保护。

• 坚定自己的信念,承诺是爱情的一部分

在某部影视剧中,一个女孩高调宣称:以结婚

为目的的恋爱才是耍流氓,爱情就不应该有这种功利心……

虽然女孩的态度看上去很"飒","爱便在一起,不爱便分开"的感情似乎也很洒脱,但事实并非如此。一段好的感情并不应该只看眼前,没有责任和承诺的感情很难让人有安全感。

有人可能会觉得一场有期限的但没有结果的感情会让人珍惜接下来的相处时间,但试想一下,谁会在一段明知没有结果的感情中产生归属感和安全感呢?而让我们心有底气的归属感、让我们放心依赖的安全感不正是让我们变得更加阳光、自信的原因吗?

所以,不要去听别人说什么"未来无所谓,只要这一刻是真心相爱的"之类的话。我们一定要坚定自己的信念,承诺不应该被剔除在爱情之外,而没有承诺的感情也注定不会完美。

坚定了这三个原则,便不会被浪漫式爱情迷了眼睛,以致做出错误的决定,令人悔恨。

不触及灵魂的爱——愚蠢的爱

只有激情和承诺,没有亲密,这便是愚蠢的爱。

这种爱在一开始也会令人感觉完美无瑕,但因为缺少了亲密的部分,两个人的灵魂相距很远,在这样的感情中很难和伴侣有发自内心的沟通,而缺少了沟通和了解,那些承诺便也成了虚假的。

有人以"花"隐喻这种感情。

一个男人路过一家店,看到窗台上放着一盆娇艳欲滴的花,男人心生喜爱,便去向店主索要,并承诺可以付出一切,店主提出的一系列要求,男人都答应了。

于是店主便把这盆花交给男人,并嘱咐男人要用心照顾,这样才能保持花的美丽。

男人自然满口答应,满心欢喜地端走了花。可是没多久,他便把这盆花送回来了,因为花已经失去了本来的娇艳。

愚蠢式的爱情也是如此,也许因为外在的魅力,这份感情充满激情,在这激情的当口,也愿意许下承诺。但因为没有亲密支撑,待激情退去,承诺便也成了一句谎言。

如闪婚一族，往往因为缺乏了解，感情中没有奠基好亲密，最终激情来得快去得也快。

所以，总有人会提醒女孩子，不要轻易相信男人的承诺。其实并非承诺不可信，而是愚蠢式爱情中的承诺并不是理性的。

那么，要如何分辨自己是否陷于愚蠢式爱情呢？我们可以抓住"承诺"去区别。

• 对方的承诺是否能做到

很多人之所以会陷入愚蠢式的爱情，是因为在一开始，对方为了快一点儿升级两个人的关系，会做出一系列承诺，而这些承诺会让人陷入对未来的幻想中，再加上当下充满激情，人们便很容易把此当作真爱。

对此，我们需要多去分辨对方的承诺是否只是空头支票。

比如对方说要存钱和你结婚，但对于工作的事情并不上心，甚至还会为了游戏等爱好花大额金钱；抑或对方一再说对你是真心的，一定会对你负责，但在你提出见对方父母的时候却推三阻四。

没有实际行动的承诺必然是不可信的，如果出现这样的情况，那对这段感情就要多一些警惕了。

• 对方的承诺是否需要交换

有些感情中的承诺只是为了得到更多。如果在感情中常常会出现"你怎么样，我就怎么样"的句式和暗示，那就要注意了。

"你对我付出这么多，我肯定会负责的。"

"你对我这么好，我怎么会辜负你呢？"

我们要确定的是，具有亲密度的承诺是不需要交换的。因为两个人之间的互相赏识和心灵沟通会让人对未来心生向往，而不是你需要做些什么，才能得到我的"承诺"。

除了分辨承诺，我们还要注意给感情放置一个"减速器"，让它慢一点儿，再慢一点儿，这样，我们才能有更多的时间去了解对方，看清自己的内心，远离愚蠢式爱情。

相敬如宾的爱——相伴之爱

亲密和承诺结合在一起形成的爱便是相伴之爱。

虽然这种爱缺乏激情，却往往会使婚姻幸福而长久。

拥有相伴之爱的双方均会努力维持长期的友谊关系，当两个人对爱情都有巨大投入时，沟通和分享便会畅通无阻。

我们常说"爱情升华为亲情"，这句话就充分体现在相伴之爱中，尽管两个人可能因为相伴的年岁过长已经缺乏了性的互相吸引，但依然心心相印，感情有着难以形容的深度。

就如杨绛先生所说："夫妻该是终身的朋友，夫妻间最重要的是朋友关系，即使不是知心的朋友，至少也该是能做伴侣的朋友或互相尊重的伴侣。情人而非朋友的关系是不能持久的。夫妻而不够朋友，只好分手。"

但我们要注意的是，相伴之爱的最大特点是平和而非冷淡，是具有深沉的情感依恋，而非"搭伙过日子"。所以，即使拥有可以幸福长久的相伴之爱，也别忘了时不时给生活来一点儿不同的趣味。

• **偶尔制造小惊喜**

近几年，"仪式感"这个词频频出现，已不再新鲜了，但不得不说它真的很有用。

打个比方，在一个特殊的节日里，一对情侣和往常一样，没有一点儿仪式感，而另一对情侣做了详细的计划，让这一天变得完全不同。相比之下，后一对情侣之间的爱意会流动更多。所以，特殊节日里的仪式感、平凡日子里的小惊喜，都是促进两个人关系的良药。

- **学会"甜言蜜语"**

尽管相伴之爱是在两个人彼此了解的基础上建立的，但我们还是可以特意去发掘伴侣的优点，然后说一些"甜言蜜语"，夸一夸对方。

不要觉得"甜言蜜语"是一个负面词语，来自伴侣的称赞和鼓励会让人具有变更好的动力，来自伴侣爱的表达也会让心跳动的速度加快。

多对伴侣说一些"甜言蜜语"可以让对方的内心有更多对爱的笃定，对生活琐事拥有更多包容。这样两个人之间的亲密关系也会更紧密。

理想之爱——完美的爱

所谓完美的爱,便是同时具有激情、亲密、承诺三种元素的感情。只要三元素比例恰当,我们完全可以窥得难得的爱情模样:热烈、温暖又冷静。

虽然很多人都追逐这样的爱情,但很难让爱停留在这个阶段,因为激情、亲密、承诺并不会一成不变地停在那里,它们在感情中所含的比例会随着时间的变化而变化。

比如激情部分,随着时间的推移,两个人越来越熟悉,激情便会逐步消退。所以斯腾伯格把完美的爱比作减肥:短时间做到很容易,长久坚持却很难。

这样的答案是不是让人很难接受?原来我们追寻的爱情最终都无法完美。

但科学家理性的实验依然给我们带来了积极的启示:尽管理想之爱不会长久存在,但激情退去后的相伴之爱可以以稳固的姿态维持长久的爱情。

当我们了解了爱情的模样,便能更好地识别自己在爱情中的状态,也能明确自己想要拥有的爱情,这不仅决定了我们的爱情观,还影响了我们的人生,就像英国文艺复兴时期的哲学家培根所说:"了解爱情的人往往会因为爱情的升华而坚定他们向上的意志和进取的精神。"

　　理想的完美之爱注定会随着时间消失,但爱情最终会被升华还是被忽略,这就需要我们明白爱情的最终归宿是什么。

第十三课　接纳爱情的最终归宿

> 对于爱情,年是什么?既是分钟,又是世纪,说它是分钟,是因为在爱情的甜蜜之中,它像闪电一般瞬息即逝;说它是世纪,是因为它在我们身上建筑生命之后的幸福的永生。
>
> ——雨果

我们都擅长赞美爱情的魅力,哪怕它让人"衣带渐宽终不悔,为伊消得人憔悴",也依然要许下"山无陵,江水为竭,冬雷震震,夏雨雪,天地合,乃敢与君绝"的誓言,但这样感人至深的热烈并不会一直有。因为好的感情最终都会落入生活,在风花雪月中加入柴米油盐。然而,这并不代表爱情消失了,三餐四季,相互陪伴,便是爱情的最终归宿。

只是很多人看不清感情的本质,走着走着,便以为感情消失了,怨着怨着,慢慢便走散了。

爱情的开头再美，浪漫也会衰减

所有的感情最终都会归于平淡，这便是感情的宿命。就像作家巴法利·尼克斯所说："婚姻是一本书，第一章写的是诗篇，而其余则是平淡的散文。"

然而"散文"再平淡，也藏有真情，只不过很多人都会在这份平淡中惶然失措，以为自己的爱情消失了，以为两个人之间只有亲情。

某一位国外的心理学教授曾通过一系列动物实验来探究在外部刺激下情绪的变化过程。在1980年的实验中，实验者对实验狗适度电击后，从实验狗的心率变化中发现，实验狗在最初的几次电击后，情绪起伏比较大，激情体验的峰值也很高，但当实验狗熟悉相同的电击刺激后，不仅激情峰值变低，强烈的情绪变化也逐渐消失。

通过实验以及多角度的数据分析，最终得出结论：随着时间和刺激次数增多，激情消退是必然出现的自然现象。

因为激情的产生源于新鲜感和陌生感，而熟悉之后带来的是消极情绪的增加。所以，随着时间的推移,浪漫之爱必然会衰减,这是爱情的必经之路。只是很多人并不能理解这种情感的变化,于是,这时候的人们往往会做出三种选择。

第一种选择,便是我们常见的所谓为责任、为孩子"将就"。之所以给这两个字加上双引号,是因为他们并不知道自己是不是真的在将就,若说没有情义在,可是会担心对方的安全,会操心对方的健康;但若说有情义在,又似乎再也不复当年看一眼就脸红心跳的喜悦。

于是,他们不再去深究这些,只以责任推着日子前进,这样的日子便越过越淡。

第二种选择,便是在感觉到两个人之间的爱情变淡后,去寻找新的刺激。可是他们忘记了,自己和伴侣也是从荡气回肠的日子走过来的。就算和其他人一起再次找到心跳加速的感觉,最终还是会走上老路——归于平淡。

曾有一位男性来访者,婚姻生活很顺利,是大家都羡慕的样子,但他本人很苦恼,因为他觉得他对妻子已经没有感觉了,妻子的一切总是一成不变,不变的睡衣,不变的晚饭,不变的生活习惯。为了改变这种平淡,他坚定地和妻子离婚,重新谈起了恋爱。

故事的结局俗套又真实，在激情退却后，他的感情又回到了平淡的原点。

当感情随着时间的变迁被逐渐埋在心底时，不用心去记、去想，"心"也会忘记把它藏在了哪里。

第三种选择，是和伴侣一起寻找生活中的幸福。有人渴望浪漫至死不渝，有人却在平淡的生活中看到了浪漫的影子。

随着年纪的增长，会越来越感到，真正好的感情就应该落实到生活中。不把对方的付出看作理所当然，懂得感恩对方的陪伴，你会发现原来爱情并没有消失，只不过它藏在了夏日给你留下的西瓜中，藏在了生病时勤勤恳恳的照顾里，还藏在了时时刻刻的惦记中。

只要稍微分出一点精力在感情上，你就会发现它隐匿于生活中的细微之处。

稳定的关系，需要持久的维护

有些人的感情在结婚的那一刻便停止付出，然后处于"吃老本"的状态。

然而，不再付出的感情怎么能撑住岁长日久？当"老本"吃尽，感情出现危机的时候，人们便会感慨，"原来图感情的人终究会失败！"

因为和这样的感情相比，那种在建立亲密关系时便把经济利益放在第一位的感情似乎更加牢固，怎么看都给人一种"感情善变，利益永恒"的感觉。

其实，这两种感情都没有错，因为每个人对幸福的定义不同，有人认为亲密关系中利益最大化可以让孩子有一个好的未来；有人认为亲密关系以感情为主，所谓"有情饮水饱"，就算吃糠咽菜也心甘情愿。

只要是在了解自己的基础上做出的选择，那便没有对错之分。

但不管有没有利益的捆绑，稳定的亲密关系都是需要维护的。只有利益的感情如同冰冷的牢笼，让人感觉不到温情所在；有感情却不懂得维护的，最终也会让感情消失殆尽。

要知道爱情的本质，是互相吸引的两个人在付出中变得更好。

当一个人在一段感情中愿意为对方付出，且对未来充满希望,这样的感情哪怕趋于平淡,也足以令人向往。

就像美国著名文学家欧·亨利的短篇小说《麦琪的礼物》中描绘的那样,纵使是20世纪的爱情,至今也依然让人感动。

圣诞节即将来临,可是穷困的德拉和吉姆夫妻还没有凑够为对方买礼物的钱。

内心经历一番挣扎后,德拉卖掉了引以为傲的头发,为丈夫吉姆的金表买来一条朴素的白金表链。虽然没有了漂亮的头发,但是德拉很高兴,因为吉姆的金表再也不用搭配旧皮表链了。

可是待丈夫晚上回来后,德拉才发现丈夫已经把那块祖传的金表卖掉,给她买了一整套的梳子,是那种纯玳瑁做的,边上镶着珠宝,有两鬓用的,也有用于后面头发的,漂亮又金贵。

他们都选择为对方牺牲了自己珍视的东西,换来对方已经用不到的礼物,看上去既不明智也不聪明。

但在作者眼里,懂得为爱付出的人是聪明的人,一如故事的结尾所说:"让我们对现今的聪明人说最后一句话,在一切馈赠礼品的人当中,那两个人是最聪明的。在一切馈赠又接收礼品的人当中,像他们两个这样的人也是最聪明的。"

因为他们是真正懂得经营爱的人。

很多人会觉得结婚久了感情便不需要维护了,或者生活太忙碌了,爱情不再重要。但事实上,我们的亲密关系一直都需要我们用心对待。而所谓用心对待也并不是说我们一定要用金钱付出才算数,不同的时期有不同的表达方式,重要的是你的心意要时常传递。

我们可以在婚姻里做个好"演员",夸张地表达爱和感激;我们可以对伴侣无伤大雅的小缺点睁一只眼闭一只眼,多夸夸对方的小优点。甚至,多一些嘘寒问暖,多做一次对方喜欢的美食,都会增加爱的分量。

所谓经营爱,并不需要轰轰烈烈,些许小事便可为爱保鲜,只是,这些许小事需要和时间长存方显作用。

爱情让我们心甘情愿接受平淡

在时间的洗礼下,我们对爱人急切的欲望最终都会变得深沉,但这并不见得就是一件坏事。

因为在我们的整个人生中,稳定且滋养的亲密关系是我们变得更好的催化剂。心理学告诉我们,人的一生都在成长与发展,从能力到内心都会发生改变,稳定而滋养的关系则会为我们的成长提供一个好的环境,最终成就内心强大的自己。

那什么样的亲密关系才是稳定而滋养的呢?让我们从心理学的角度来看这件事。

被称为"婚姻教皇"的心理学家约翰·戈特曼40年来一直在研究亲密关系。

当电极把每对夫妻和可以计算出血流量、心率的机器连接在一起时,让这些夫妻聊一些事情,比如他们是如何相识的,有哪些美好的回忆,又产生过哪些分歧。在记录下数据后,通过长达6年的跟进,约翰·戈特曼把夫妻分为两大类:

婚姻掌控者:在实验过程中,婚姻掌控者体现出平和与温馨,就算是发生争吵的情况,也能让人感觉到他们之间的情义。因为他们的内心彼此信任,所以能营造出让人感到舒适的亲密感。

灾难制造者：在实验过程中，灾难制造者看上去平静，但检测仪器告诉我们，他们的心跳在加速，血流也很快。他们之所以在实验时生理反应活跃，是因为他们随时都在准备"迎战"。这些夫妻在后来的日子里关系恶化较快，要么分手，要么在婚姻中过得不快乐。

两组实验对照组会出现如此明显的差异，是因为婚姻掌控者总是可以在生活中找到伴侣令人欣赏的地方，也会注意到伴侣所做的令人感激的事情。灾难制造者则恰恰相反，他们总是保持着攻击的状态，以挑剔的眼光看待自己的另一半，甚至把对方当成"假想敌"。

这也是我们排斥"平淡"的原因。很多婚姻中的灾难制造者会把自己对伴侣的攻击和挑刺看作"平淡"的一种，但事实上，平淡只是不再有感情初期的冲动，也不再有一开始的阻碍和磨砺。**前路畅通，感情稳定，这样的平淡不仅是幸福，更是一种幸运。**

而在这份平淡中，想要让亲密关系变得更加滋养我们，则需要如婚姻掌控者一般，懂得称赞、懂得感恩，不要忽略对方每天都做的事情，也不要把对方的付出看作理所当然。

其实做起来不难，难的是日久天长、不间断地去做，这需要我们从内心去改变。

• 首先，我们要懂得平衡自我的内心。

我们之所以会在感情平淡后对其失望，是因为我们常常对感情寄予过高的期望，期望可以一直如热恋时期，期望自己可以一直占据恋人心中重要的位置。

不管是中国的《梁山伯和祝英台》，还是国外的《泰坦尼克号》，都在渲染关乎生死的极致爱情。也正是这样的爱情，在让我们感动得掉泪的同时，又令我们惋惜自己无法拥有。

其实，相对于这种转瞬即逝的爱情，平平淡淡、长长久久的爱情更为珍贵。在我们的生活中，有很多平凡又令人感动的感情，从一开始的热烈到柴米油盐，没有轰轰烈烈，却细密如流水一般从不间断，记得彼此的爱好，接纳彼此的家人，时常表达自己的爱意……

健康的亲密关系便是如此。所以我们要调节自己的内心，不要把想象中的亲密关系强加在现实中，一个人若是因为爱情一生都处于无法安稳的状态，那才是一种不幸。

• 其次，要改变思维，要懂得尊重亲密关系。

拆分下来，我们需要尊重亲密，也尊重关系。亲密关系中，我们常常会把亲密作为重点，而忽略关系。事实上，关系也需要我们去维护。

"轻视"是亲密关系的核心杀手。轻视对方的付出，便不会去感恩；轻视对方的能力，便不会去称赞。甚至因为轻视，出现人格羞辱、家暴等行为。"轻视"一旦出现，关系的平等便会被打破，问题自然也随之浮现。

通常情况下，妻子更容易受到"轻视"。比如当妻子因为家庭的原因离开职场多年，打算再次回归职场时，丈夫的轻视很容易动摇其信心。而妻子在这样的轻视中，要么会变得自卑畏缩，要么会离开这种不具有滋养力量的亲密关系。对于丈夫也是如此。

当我们的内心有了维护关系、维护亲密的意识，我们便会时不时反省自己的言行，不让自己在不经意间破坏了亲密关系的稳定。

- **最后，我们心中对伴侣要有"迎合"的意识。**

怎样迎合呢？

不是没有原则地去纵容，也不是没有底线地委屈自己，而是学会为对方提供情绪价值。具体来说，便是有宽容和回应的意识。

宽容一些无关紧要或难以改变的缺点，每个人都会有属于自己的特质，也会有属于自己的小缺点。在日常相处中，学会睁一只眼闭一只眼，对那些无关原则的缺点宽容一些，不要总是出口"差评"，让对方感觉不到爱意。

而我们要回应的则是对方的情感需求，比如对方兴致勃勃地对你说一件事，你却只是敷衍地回应，或者充满负能量地让对方不要打搅自己，那便无法满足对方的情感需求，对方也会失去继续分享的欲望。

在我们的一生中，爱人是陪伴我们时间最长的人，却也是最容易被我们忽视的人。尽管所有的感情最终都会归于平淡，但用心经营依然可以让平淡的生活充满幸福的滋味。一如哲学家波普所说："**爱情的**

快乐不能在激情的拥抱中告终。爱，必须有恒久不变的特质，要爱自己，也要爱对方。"

只有懂得爱才能识别爱，只有真正明白爱的本质才能更好地经营爱。这样的亲密关系，可抵星辰日月，滋养我们的一生。

———————————— 第三部分

朋友之间的亲密关系

- 第十四课:交朋友的奥秘
- 第十五课:维护友谊的"三板斧"

第十四课　交朋友的奥秘

　　世间最美好的东西，莫过于有几个头脑和心地都很正直的朋友。

　　　　　　　　　　　　——爱因斯坦

　　相比家人和爱人，我们与朋友之间的相处时间要少很多，但这并不代表朋友不重要。因为圈子决定格局，与我们同行的人会造就我们的社会环境，会改变我们的思想三观，甚至会影响我们一生的成败。

　　纵观历史，春秋战国时期的军事家孙膑，因为错信同窗庞涓，被施以膑刑，终身残疾；明代才子唐伯虎因为交友不慎，被牵连进重大的科考舞弊案中，并从此失去走仕途的资格。

　　就连俄国哲学家别林斯基也说："阴险的友谊虽然允许你得到一些微不足道的小惠，却要剥夺掉你的珍宝——独立思考和对真理纯洁的爱！"

　　而我们会交到怎样的朋友，是由我们自身决定的。

你是谁，便会遇到谁

物以类聚，人以群分。你是什么样的人，便会吸引到什么样的人。这便是同类吸引力法则。当你处在某一领域或某一认知范围时，你吸引来的便是同一领域或同一认知层次的人。正所谓"同声相应，同气相求"。

金庸笔下的《天龙八部》中便处处体现着这一定律。乔峰、段誉、虚竹皆是讲义气之人，在生死关头也不会放弃朋友，所以他们成了朋友；四大恶人虽然各有故事，但同样做着伤害别人的事情，所以他们总是同行。还有慕容复，很多人都会觉得慕容复很傻，段誉的身后是大理国，乔峰的身后有辽国，虚竹的身后有西夏，相比慕容复时不时想要拉拢的乌合之众，这三人对他的复国大业更有帮助，而他在分别得知他们的背景后，没有了结交之心。

其实，这便是同类吸引力法则，因为慕容复和段誉等人不是同类人，所以他们很难成为朋友。认知不同的人就算强融进一个圈子，也会格外别扭，更不要说成为交心的朋友了。所以，想要交到优秀的朋友，我们需要把自己变为优秀的人。同时，在交朋友的路上也要避开这两个误区。

- **误区一：所认识的优秀之人都是朋友**

大部分人都趋向于和更优秀的人成为朋友，优秀的人亦然。但是，认识优秀的人并不代表就成了对方的朋友，因为真正的朋友都是基于信任和对等这两大原则的。

信任来自深层次的交往，大家对彼此的人品、背景等都有足够的了解，在这一基础上，很多看似来自不同环境的人也能成为朋友；对等则是大家的社会地位、兴趣爱好都相差不大，站在同一个层面，自然更容易理解对方的处境和所说的话，交流起来也更容易走心。

信任需要时间的加持，对等需要自己的努力，单单是认识优秀的人并不能满足这两大原则。通常情况下，我们很难取得和比我们厉害的人对话的机会，因为他们也在寻找与自己三观实力相对等的人。而且，当大家不是站在同一维度时，会在无意识中成为"索取者"和"被索取者"，事实上，没有人愿意成为"被索取者"。

- **误区二：谈得来，便是朋友**

有时候，我们会和某个人聊得很好，大有相见恨晚的感觉，这并不能说明我们和对方很合拍，也可能是对方在降维社交。

那要如何判断对方是真的和我们合得来，还是只是在向下兼容呢？我们可以注意两个点：第一点，对方对你的处境很理解，对你的观点也很尊重，交谈时让你觉得很舒服；第二点，当你想和对方进一步交往时，却发现对方和你之间总是像隔着什么。

那你们之间便不是因为有缘而想法相似，而是对方在降维社交。这样的社交同样是不平等的，主动权亦掌握在对方的手中，很容易形成这样的局面：对方决定了你们"友谊"的亲密程度和进展速度，你只能跟着对方的节奏被动接受。甚至于，在对方需要你的时候，你们是朋友，在你需要对方的时候，你们只是熟悉的陌生人。

所以，真正有用的"朋友圈"来自同一个层次。而想要提升自己的"朋友圈"，就要先提升自己。

对朋友真诚的人才能交到真诚的朋友

《孟子》云："诚者，天之道也；思诚者，人之道也。"

自古以来，对朋友最高的评价便是真诚。一个不真诚的人很难遇到真正的朋友，而真诚的朋友很容易给我们带来幸福感。

TED[1]曾有一场关于"什么是幸福"的演讲，它告诉我们，良好的人际关系能让人更加快乐。

很多人都觉得让自己变得富有是重要的生活目标，还有的人觉得名和权也是重要的生活目标，于是人们也朝这些方向努力着。可这些真的会让我们拥有幸福感吗？哈佛大学开展了一次超长的研究项目，研究人员用了75年的时间，对724位男性进行跟踪记录，分别记下他们的工作、生活、健康等。这些被试者处于两个极端，一群是哈佛大学的本科生，一群是生活困顿的波士顿男孩。随着研究的进展，他们也分别进入社会的不同领域，有人从社会的底层走向最高层，有人恰恰相反，还有人患上了精神分裂……

而通过询问和记载，最终发现，**对人际关系满意**

---

[1] TED是美国的一家私有非营利机构，该机构以它组织的TED大会著称。——编者注

度越高的人越开心、健康、长寿。

据研究，糟糕的人际关系会引发人的一些疾病，比如心脏病、关节炎等，甚至还会伤害到大脑，让大脑加快退化，出现记忆力衰退等情况。也就是说，好的人际关系不仅可以帮助我们拥有更健康的身体，还能保护我们的大脑。当然，这里所指的人际关系包括家人、朋友、团体等，虽然没有特指朋友，但朋友也有着这样的"功效"。

从刘备、关羽、张飞的生死之交，到伯牙、子期的知音之交，莫不透着"真诚"二字。一个总是会辜负朋友的人，最终会和朋友越走越远，正所谓"人心换人心，八两换半斤"。

真诚待人，也许会被"坏朋友"利用，但时间最终会筛选出合适的人选。

那怎么样才算是对朋友真诚呢？交朋友伊始，是朋友对我们的考察期，也是我们对朋友的考察期。在这个时期，我们不必全盘抛出自己所有的事情，也不必所有的话都毫无保留地说出来。因为真诚不是"傻白甜"，但在相处中依然要坚守两个原则。

- 守信用

一个守信用的人所说的每一句话都会被认真对待,这样的人自然也更容易获得真诚的友谊。

古时候有这样一个故事:汉明帝时期的秀才张劭,为了朋友范式的来年之约,会提前养鸡酿酒等待;而范式为了按时赴约,竟会自刎以鬼魂行走千里之外,只为不在朋友面前失信。

就像宋代文学家戴表元《昨日行》中所言:"种树莫种垂杨枝,结交莫结轻薄儿。杨枝不耐秋风吹,轻薄易结还易离。"一个守信用的人不管是做事还是说话,都会给人留下可靠的印象。和这样的人相处,内心可安定,有事也可托付。

- 有底线

一个有底线的人是令人放心的人,至少不用担心其伤害自己。而且,有底线的人不会因为外在的变化而改变对朋友的态度,不管是贫穷还是富贵,他都会抱以同样的态度。甚至在朋友因为顺境而内心轻飘时,有底线的人还会"当头一棒",让其清醒,避开不必要的麻烦。

与这样的人在一开始的相处中,也许对方不够热情，相处也不够舒适，但相处久了就会发现，这样的人才是真诚的，他不会因为你的地位变化而改变对你的态度，更不会因为你不喜欢听便不说一个朋友该说的话。

同样，唯有有底线的人才能交到有底线的朋友。因为三观相投才更能理解对方，才不会把对方的坚持看作一种缺点。

不要担心有原则、有底线会让自己错失朋友，原则和底线并不代表不真诚。相反，必要时拒绝做一个老好人，并且准备好带着原则和底线的真诚，会让我们在交朋友的初期更快察觉出适合做朋友的人。

如冯骥才所说——人的自信是建立在底线上的。一个人只有守住底线，才能获得成功的自我与成功的人生。

三个维度，赶走心中的"羞涩鬼"

尽管吸引力法则可以让我们吸引到相似的人，但若我们因为羞怯不敢与人交往，那别人便无法了解到我们是什么样的人，正如"茶壶里煮饺子"。

其实在人际交往中感到羞怯的人往往是一个矛盾体,他们一面把自己看得过重,总觉得自己的一言一行都在别人的视线中,自己一不小心便会成为别人茶余饭后的谈资;另一面,他们又把自己看得过低,觉得别人会不屑与自己交往,总觉得自己主动社交会遭遇拒绝。

关于这一心理,我们只要做到以下三点便可以轻松解决。

• 看"轻"他人,不在意负面评价

网上有一句霸气十足的话:"我不是人民币,做不到人人喜欢。"

虽然这种比喻会让人忍不住莞尔一笑,但不得不说是十分有道理的。有时候我们无法迈开交朋友的第一步,便是被别人可能会有的"讨厌"吓住了。

我们并不必听取所有的评价。虽然与人相处,完全忽略别人的看法并不可取,但我们也必须有选择地听取他人对自己有价值的评价。

比如带有明显恶意的负面评价,我们自然是不用放在心里的,还有不能感同身受的负面评价、一叶障目的负面评价,等等,我们也不必在意。

千人千面，我们不能堵住别人的嘴，但也没有必要因为别人的"嘴"局限我们的行为。

更多的时候，我们还是要坚定自我，把他人看"轻"一些，对有的言论一笑而过，不要被心理暗示下的语言力量打败。这样，我们才能迈出交友的第一步。

- **展示自我，不用追求完美**

心理学中有一个名词叫"聚光灯效应"：人们总觉得别人的目光聚焦在自己的身上，事实上，大家更关注的是自己。

提出这个名词的心理学家季洛维奇和萨维斯基在当时还做了一个实验：他们要求参加实验的人穿上印有过气明星的短袖，然后走进有五个人的房间，之后再分别询问谁注意到了这件事。被试者认为房间里的五个人都注意到了，觉得自己很糗，而其他五个人的回答是，他们几乎没有注意到被试者穿的短袖上是什么图案。相比于关注别人，其实每个人都更关注自己。所以，在与人交往的时候，我们并不需要时刻保持完美。

而且，朋友之间的相处虽与恋人间的相处不同，但都需要我们做真实的自己，这样才能交到更合拍的朋友。

- **设置情景，练习模拟对话**

每次在网络上看到说话一套又一套的人，大家会心生羡慕，希望自己也能有这样的口才，这样就不会害怕与人相处。其实想要破除这一点，我们倒是可以下一点儿笨功夫：给自己设定角色，进行不同的模拟对话。

比如遇到感兴趣的人，我们想要和其做朋友应该怎么说；遇到不喜欢的人，又应该如何拒绝对方想要和你做朋友的意向。

我们可以写下多种表达方式，然后反复练习，直至熟练。如此，当这种情况出现的时候，我们也会因为惯性行为，做到"嘴比脑子快"，条件反射般说出来。这样做还有一个好处，那就是提高我们与人交往的自信心，设置的情景模拟越具体，信心越足。直到有一天，你会发现不再需要提前"排练"也可以很好地应对突发事件，对交朋友这件事也更游刃有余。

在交朋友这条路上，我们或许踩过坑，一个不好的朋友给我们留下了颇深的阴影；或许也感受到与合拍的朋友相处的快乐,但因为种种原因,最后分离,乃至疏远。但这些都不应该成为阻止我们交朋友的理由。

  人生路道阻且长,有三观契合的朋友同行亦是人生一大幸事。

第十五课　维护友谊的"三板斧"

朋友越老越好，美酒越老越香。

——约翰·雷

如果友谊不维护，会变成什么样？

我们可以从张爱玲和炎樱只可"共青春"，不可"共沧桑"的友谊中窥探一二。

张爱玲和炎樱是大学同学，两个人的性格一静一动，这样的互补让两个人十分亲密。张爱玲十分喜欢炎樱，她会记录下炎樱说过的有趣的话，会临摹炎樱为自己的书画的封面，还会因为炎樱没有等自己一起回上海而号啕大哭。炎樱也因为张爱玲的名望结识了很多名人。

可是随着年龄的增长，生活环境的变化让两个人的境遇发生了变化。远走他乡的张爱玲的日子一日不如一日，而炎樱因为交际能力出众风光无比。乃至后来，张爱玲需要炎樱的帮助才能住进救世军办的贫民救济所。按理来说，有了这样的患难经历后，她们的友情应该更坚固。可是性格使然，张爱玲敏感，炎樱还处处夸耀自己的富有和幸福，她在给张爱玲的信中写道："凭着自己的蹩脚日文而做过几 billions（数以十亿）的生意……"

"你有没有想过我是一个美丽的女生？我从来不认为自己美丽，但 George（乔治）说我这话是不诚实的——但这是真的，我年幼的时候没有人说我美丽，从来也没有——只有 George 说过，我想那是因为他爱我……"

感情不顺，生活也困顿的张爱玲，在炎樱不经意的炫耀中最终凉了心，她不再回复炎樱的信，两个人的关系也就此淡化。

尽管朋友间的分享很正常，但在对方失意的时候毫无顾忌地分享自己的快乐，友谊便会因此打上一个结，久久不能改善，友谊之绳便会断裂。所以说，即使是朋友关系也需要我们用心维护，毕竟，"东西越新越好，友谊愈老愈好"。

说到维护友谊，每对朋友都有自己的相处方式，个中方法，也需要"量身定做"。但下面三点，是任何人都需要注意的，一点处理不好，便会对所珍视的友谊造成伤害。

界限感是所有关系的"保护伞"

界限感是一个很微妙的词语,界限太生硬,会让人感受不到亲密,界限太模糊,又会让人备受困扰。但毋庸置疑,任何关系的维护都需要界限感。

没有界限感的人不仅会让别人插手自己的事情,更会去插手别人的事情。打着"为你好"的幌子,对别人的生活指指点点,甚至还会自作主张,同时在情绪和态度上也会缺乏起码的尊重。打着"自己人"的名头,随意发泄负面情绪,态度毫无尊重可言。

任何一项单独拉出来,都足以置友谊于"死地"。所以,和对方保持一个舒适的距离,拥有明确的界限感,是友谊长存的不二法则。我们可以分别从家庭、情绪、金钱这三个角度来明确朋友间的相处界限。

- **家庭界限**

再好的朋友也不能逾越对方与家人的关系。只是很多人并不理解这一点,他们会在重要的节日把朋友从家人的身边叫走,会在朋友面前说对方家人的坏话,破坏朋友与家人之间的亲密关系。

比如网上经常有类似这样的帖子："所谓兄弟，能不能自觉一点儿，别人家里有快要生的孕妇、一岁以内要照顾的孩子，就不要在半夜叫出去喝酒了，你不知道他的家人在此刻很需要他吗？"

不管是异性朋友还是同性朋友，在对方组建家庭后，在某些事情上都需要保持距离，对方的家庭矛盾留给对方自己去解决；在特殊的时间，尽量避免因为自己让对方的家庭发生内部矛盾。

同时作为旁观者，或许你更容易看出对方家庭中存在的问题，但不要擅作主张，因为那是朋友的家庭，一切都应该以对方的意愿为主。

• **情绪界限**

不要因为你们是朋友，你们关系好，就随意发泄你的情绪。毕竟，没有人愿意莫名其妙地成为你情绪的垃圾桶。

你可以向朋友吐槽，可以找朋友求助，但没有任何理由发泄负面情绪。比如有的人在生活和学习中遇到一丁点儿挫败，便会把负面情绪带给身边的人，又是不分时间、地点地给朋友打电话哭诉，又是神经质般冲朋友发火。到最后大家都开始躲着他，他却只当自己交到了"假朋友",并没有意识到自己的问题。

就算心情不好也要注意情绪边界,朋友不是树洞,如祥林嫂一般喋喋不休会让人失去耐心,如火药包一样的状态会让人忍不住远离。

换个角度,我们也不想成为朋友的"出气筒",不是吗?

- **利益界限**

亲兄弟也要明算账,古人诚不欺我。

朋友的关系再好,在利益问题上也要"丁是丁,卯是卯"。比如合伙做生意,马云曾说过:"做朋友总是很好,但千万不要把你的朋友牵扯进你的生意里。"

因为很多人并没有明确的利益界限,他们会觉得既然是朋友就不会计较小损失,但若是长期有损失,任何人的心里都会起波澜。所以,再好的关系也要分清利益,不要去占对方的便宜。

从这三个角度明确了界限,通常情况下,我们和朋友之间便不会因为越界而影响到感情。同时,我们还要注意,自己的界限也要明确,大家都找到舒适的落脚点,才能让这份友谊细水长流。

用心分辨,不要错把友情当爱情

总是有人会发出这样的疑问:异性之间到底有没有纯友谊?

有人会斩钉截铁地说有,有人却会愤怒地说没有,之所以众说纷纭、争议重重,是因为异性之间的友情很容易被当作爱情初期的暧昧。

比如有的人身边有一个很好的异性朋友,本来也没有多想,但因为相处太融洽,身边的朋友们总拿他们起哄,他自己便也迷糊了,难道自己真的爱上对方了?毕竟,在对方需要帮助的时候,一个电话他就去了,夜里发信息说心情不好,他也会耐心开导,一群朋友玩的时候,他们也很有默契。于是他向女孩表白,女孩却笑着说他们之间只是"兄弟",还把这次表白当作笑话说给其他朋友听,让他十分尴尬。

其实,只要区分开爱情和友情的基本点,就能很好地分辨它们。

·是否排斥对方的其他异性朋友

在自己的好朋友有了新朋友的时候,朋友之间也会出现"吃醋"心理,但这种"吃醋"远远不及爱情中的排他性。因为友情是开放的，它可以发生在两人之间，也可以发生在多人之间，但爱情只能发生在两人之间。

要分辨是友情还是爱情，可以在大家一起相处的时候多关注自己的内心，是否排斥对方和其他的异性朋友接触。

• **是否总是忍不住挑剔对方**

友情带来的是满足感，而爱情带来的是挑剔感。因为友情具有包容性，对方本身的一些小缺点，身为朋友并不会太过挑剔；但爱情则不一样，对方对自己的态度都会成为挑剔的源头，因为爱情的归宿是组成家庭，生活在一起，要求自然和对朋友的不一样。

所以，要辨别是友情还是爱情，首先要忠于自己内心的想法，其次要观察你对他（她）最在意的是什么，并把这些在意的地方代入婚姻中，想象如果另一半是他（她），自己是否能够接受。这时，关于是友情还是爱情，心中就会有一个基本的判定了。

• **是否忍不住想亲近对方**

前面我们分析过相伴式爱情，这种有亲密，有承诺,却没有激情的类爱情,主要就是从朋友情中发展出来的。虽然像爱情,但毕竟不是真正的爱情,因为真正的爱情还包含激情。

所以,可以观察一下自己是否忍不住想要亲近对方。但也要注意,有人因为和朋友没有明确的边界,在相处时也会不在意身体的触碰,这个时候,则需要从对方平时的言行中去分辨。而且,友情和爱情并不是一成不变的,它们之间可以互相转换。

如果已有伴侣,那一定要和异性保持距离,哪怕是多年的朋友也不是混淆友情的理由。多少人因为不能保持距离,错把友情当爱情,最后害人害己。当然,如果是单身,也要注意不要错把爱情当友情,多在内心进行对比,不给自己留遗憾。

放下老好人心态,才能拥有常青的友谊

看重友谊并不代表要在朋友面前变成一个没有自己想法、不敢表达的老好人,然而生活中有很多人都被这种心态"绑架"着。

朋友借钱,不管自己家里的状况,借;朋友求

助，不管自己的实际情况，帮。甚至在朋友过度发泄情绪的时候也是一言不发，静静听着。

但我们要清楚的是，有求必应并不能换来真心，相反，还会因为无限制的付出让对方觉得你是一个好"欺负"的人。

没错，不要小看人类的劣根性，哪怕是在朋友之间，有人也会情不自禁挑"软柿子"来捏。

在电影《芳华》中，刘峰便是这样一个被"好人"、被欺负的人。

战友的手表，是他帮忙修的；战友结婚的沙发，是他帮忙做的，就连炊事班的猪跑了，也喊他来帮忙。没人吃的破饺子，他吃；没人愿意搭档的舞伴，他来。最后，他还把来之不易的大学名额让给了别人，哪怕自己前途未卜，哪怕自己也心心念念想要上大学。但即使做到这个份上，他也没有一份属于自己的友谊，在他需要朋友的时候，没有人愿意挺身帮助他。可见，真正的朋友不需要你老好人式地对待。

一般而言，有求必应的人分为"主动好人"和"被动好人"两种。

"主动好人"的问题出在自己的认知上。他们会觉得只有自己多帮助朋友，朋友才不会离开，于是他们会热心地主动去帮助朋友,哪怕牺牲自己过多的时间和精力,也会在朋友寻求帮助的时候感到高兴。

"被动好人"的问题则出在自己的性格上。他们担心自己说"不"会引来冲突,于是心中就算不情愿,也会把对方寻求帮助的事情做好。

但不管是被动还是主动,成为不懂拒绝、委曲求全的老好人不仅不能维护好和朋友之间的友情,还会影响自己良好的人际关系。

所以,想要友谊很好地持续下去,我们要学会下面三点。

·抓住时机——学会"翻脸"

不要觉得"成熟的人都不会翻脸",也不要觉得"讨厌却不翻脸"是一种高情商。

当你的原则被破坏的时候,你不翻脸别人就会肆无忌惮。当然,以维护友谊为前提的"翻脸"是需要讲究方式方法的。

比如朋友失恋,对你一次次倾诉,你该说的话也说完了,朋友还是重复来寻求心理帮助,那你可以翻个脸,"骂"醒他。

如果对方总是用相同的小事来麻烦你,你之前已经帮助过他很多，但他并不用心研习解决方法，那你可以翻个脸，一边帮忙一边"数落"，让他明白有的事情需要自己完成。这样一来，你表达了自己的情绪，也不会因此和朋友疏远，朋友在下一次因为不必要的事情想要麻烦你的时候就会三思而行。

所以不要小看"翻脸"，适当地发发脾气，可以给自己省去很多不必要的事情。但在"翻脸"的时候一定要注意两点：一是时机要正确，不要一件事过去好久了，突然拿出来"翻脸"；二是"翻脸"的时候要注意语言的度，就算是"骂"，也要在朋友可以接受的范围。

• 抓住技巧——学会"拒绝"

朋友要有互相帮助的意识，但不是事事都要麻烦朋友。当对方的要求超出了自己的能力或者意愿，那我们一定要拒绝，只是拒绝的时候要有一点儿技巧。

第一时间拒绝。不要因担心得罪朋友而态度不明，朋友会以为你可以帮忙却故意不帮，在第一时间表明自己的态度也是为朋友节约时间。

不过多解释拒绝的理由。拒绝朋友并不代表拒绝友谊，恰恰相反，懂拒绝可以让两个人的关系变得更好。

试想，如果你事事都答应帮朋友去做，哪天因为精力跟不上或者其他原因没有做好，朋友的心中是不是会有所埋怨？不如从一开始便明确自己的态度，能帮的可以帮，不能帮的便不帮。朋友知道了你的为人，自然也不会大事小事都来找你，也不会因为一次拒绝而心生芥蒂。

• 抓住诚意——学会"做事"

一旦答应了朋友，那就不要用敷衍的态度对待这件事，不然，那会比拒绝还要糟糕。因为你的态度里藏着这个朋友的分量，对答应下来的事情越重视，越发显得朋友重要。

这也是我们不要轻易去答应朋友要求的原因之一。一个人的时间和精力是有限的，如果答应过多，难免会有顾不上的地方。

常常有人会因为琐事太多忘记了答应别人的事情，最后还失去了珍视的朋友，这便有违初衷了。

所以不要轻易答应朋友的要求，但答应了的就一定要重视，这是对朋友最起码的尊重。

培根说："友谊使欢乐增倍，使痛苦减半。"

交朋友的时候,我们需要慢一点儿,让自己拥有一份好的友谊,但在拥有之后则要学会经营和维护,才能让这份友谊得到更好地延续。

―――――――――――――― 第四部分

关系中的自我定位

- 第十六课：独立而不孤立，建立自己的生活体系
- 第十七课：等待是为了遇见更好的自己
- 第十八课：课程回顾，30天变更好的小计划

第十六课　独立而不孤立，建立自己的生活体系

> 知人者智，自知者明。胜人者有力，自胜者强。
>
> ——老子

与家人、爱人、朋友的亲密关系如何，起到关键作用的便是在这些关系中的自我定位。

定位过高或过低，都会让关系处于失衡状态。而一个人和身边人的关系越糟糕，生活便越凌乱。

这是很多人都会遇到的问题，曾经一位来访者的故事就非常典型。

李女士毕业于名校，却安乐于丈夫创造的经济条件中，安心做一个全职太太。只是她居于家中，心思从不在家人身上，她不关心丈夫的职场压力，也不关心孩子的学习问题，每天不是买买买就是保养自己，最操心的事情便是排查丈夫身边有没有"花蝴蝶"。这种只负责"貌美如花"的错误定位，最终让她的亲密关系出现了问题，她的丈夫坚决要离婚，并且很快娶了一位新妻子进门。

表面上看，丈夫心狠如斯，但其实是因为他觉得李女士无法成为为自己分担压力的人。

不仅是在爱人之间，如果在朋友关系中定位不清晰，也会让这段关系无法健康发展。定位过高，会在关系中以自我为中心；定位过低，会在关系中充满自卑和妥协。

而在关系中导致定位不清晰的"元凶"，则是对自我的认识不清晰。想要给自己一个准确的定位，让自己拥有健康的关系，我们要从两个角度出发。

避免自我孤立

无法给自己清晰定位的人绝大部分的精力都在内耗中，因为缺点难为自己，因为痛苦孤立自己。

我们要正确认识自己，不仅需要独处时的沉思，也需要同伴积极的反馈。但有很多人过着过着就把自己孤立起来。与人相处太难，算了，不如一个人待着；人际关系处理起来好复杂，算了，还是自己和自己玩吧！时间久了，我们便从社交中脱离，主动孤立自己，就算看着外面的世界热闹而精彩，也没有勇气再踏出去。

自我孤立的时间越久,越难与人打交道,渐渐地失去了认识新朋友的机会。由于缺乏照见自己的镜子——没有人和事能让我们对自己产生思考,我们就只能通过臆想和揣测来自我定位。这其实是非常危险的,当认识自我的信息是封闭且孤立的,不仅很难在关系中正确定位,长此以往个体在人生中也很难取得成功。

企业家凯斯·弗拉基的出身并不高贵,弗拉基来自农村,父亲是钢铁工人,母亲是清洁工,但弗拉基却依靠自己的努力,获得了哈佛大学工商管理硕士学位。在商学院,弗拉基发现,成功人士不同于普通人的关键点便是善于和陌生人接触。和陌生人接触不仅可以更快搭建起自己的关系网,还能在不同的人群中发现不同的自己,更好地找到自己的优点和缺点。善于与人打交道的弗拉基通过此优势,成为"美国40岁以下名人"和"达沃斯全球明日之星"。

如果你总是时不时就想给自己编织一个柔软的窝,然后封闭起自己,不与他人接触,那便要注意了。从内心改变,我们更容易与外界相连,感知自我。

• 接纳自己和别人的不一样

避开自我孤立的第一点是停止自我攻击,而停止自我攻击的本质是接纳自我。

寓言《田忌赛马》中用到的"赛马攻略"和我们内心的自我攻击很相似,我们总是用自己的缺点来对比别人的优点,当我们发现自己总是比不过别人时,便会因此感到痛苦。为了逃避这种感觉,我们会不自觉地把自己封闭起来,让自己和他人的沟通越来越少。

这样一来,看上去避开了痛苦,但并没有解决实质性问题,我们亦不能因此停止自我攻击。

所以,比起逃避痛苦,了解自己、理解自己、接纳自己更容易让自己停止自我伤害。也唯有我们不再贬低自己,才不会畏惧与人交往。

我们可以把不被自己喜欢的特质写下来,然后尝试寻找其优胜的地方,这个时候,我们要避免从特定的情景去看待这个特质。比如你觉得自己的想法过于跳跃,总是被身边人质疑,但这一特质放在具有创造性的工作岗位上便会成为优点。再者,学会原谅自己也非常重要,可以用一些具有仪式感的行为来让自己放下对自己的不喜欢,比如找一个可以代表自己过去的物品,当作"树洞",对其倾诉自己的缺点,然后封存起来,告别过去的自己。

• 换个角度看问题

心理学研究发现,人们很难跳出自己的角度去看待问题,所以我们在看待问题的时候容易产生固化思维。

这个时候,我们可以更换自己看问题的角度,一是把自己放在旁观者的角度看问题,这样可以更加理性地思考问题;二是把自己放在对方的角度去体会,这样可以更好地理解对方的言行,从而让问题得到解决。

当我们学会了换位思考,便不会觉得别人的观点很奇怪,也不会觉得问题难处理了。了解越多,便越有底气,自我孤立也会就此远离。

• 人际交往并没有你想象的那么难

我们要相信,不只我们觉得与人交往是有难度的,就算是业绩很好的业务员也可能会羞涩地告诉你,他并不擅长与人打交道。

只因为一次又一次地克服内心的胆怯,才有了优异的成绩,而成功的次数越多,胆怯便越少。

所以,我们要郑重地告诉自己,人际交往并没有你想象的那么难。不要小瞧暗示的力量,只要你走出去,你便会发现在与人交往时,大家并没有看上去那么笃定,只不过有人行动了,有人止步了。

只要我们不断加强与他人的沟通,便不会陷入自我孤立中。也只有这样,我们才能在不断地交流和实践中去反思、去总结,从而对自己有更清晰的认识。

依恋人格,是隐蔽的关系"指南针"

了解了自己之后,我们还需要找到自己的依恋人格,这种个体与他人建立强烈、持久、亲密的情感联结的不同模式影响着我们对人和事的判断。

20世纪40年代,英国发展心理学家约翰·鲍尔比在研究婴儿和父母之间的情感关系时,提出了"依恋理论"。

20世纪80年代,人格和社会心理学家们加入研究,把依恋理论拓展到了成人的亲密关系中。

研究发现,成人依恋模式可归纳为三种:安全型依恋、焦虑型依恋、回避型依恋。

依恋关系的模式对我们与恋人、家人、朋友之间的亲密关系有着极大的影响,尽管它们的形成来自我们的童年,但明确自己的依恋模式,针对性地进行修正,依然可以让我们重获高质量的亲密关系。

接下来,我们来看这三种依恋模式各有什么样的特征,我们又该如何进行修正。

• 内心富足的安全型依恋人格

安全型依恋模式的人从来不会担心自己不被爱,所以他们能坦然地去爱别人,坦诚地表达自己的感受和需求。

因为总是能发现身边人的优点,所以和他们相处很舒适;因为心中没有过度的担心,所以对于身边人的言行不会"草木皆兵",更不会因为担心受伤而不敢和伴侣交流自己的想法和情绪。内心使然,在遇到问题的时候也会以积极的态度去面对。

依恋学中有两个关于安全型依恋的实验。

一个实验是研究安全型依恋模式的人在进入恋爱阶段后对恋情的满意程度。结果表明,与其他依恋模式的人相比,安全型依恋模式的人对恋情更加满意,对恋人更加忠诚,也更能取得恋人的信任。

另一个实验是研究不同依恋模式的恋人组合,结果表明,情侣中有一方是安全型依恋模式的人,他们之间的矛盾会更少,甚至还会在无形中引导非安全型依恋模式的恋人也转化为安全型依恋模式。

也就是说,**安全型依恋模式的人是最为理想的伴侣**。他们不仅在关系中是健康的,自我内心也是健康的。安全型依恋模式的人不会因为一点儿挫折便陷入负面情绪中不能自拔,也不会因为负面的人际关系而"杯弓蛇影",对其他关系抱以消极看法。

在他们的身上有着很多值得学习的行为模式,比如支持伴侣却又不过度干涉伴侣,勇于表达自己的内心也关注伴侣的内心,等等。

更重要的是,虽然他们是其他非安全型依恋模式的人的"救星",但他们的本能也会促使他们找一个能给自己带来幸福的恋人。比起非安全型依恋模式的人,安全型依恋模式的人在恋爱中更理性。一旦伴侣重复触碰他们的底线,他们就会毫不犹豫地离开。

• 怕被抛弃的焦虑型依恋人格

自卑和安全感缺失是焦虑型依恋人格的主要特

征,因为自卑而怀疑自己的价值和能力,因为没有安全感而担心自己会被伴侣抛弃。

在这样的过度担心和自我怀疑中,他们会变得十分焦虑。而缓解焦虑的方式,便是加强和伴侣之间的联结。所以,焦虑型依恋模式的人很喜欢和伴侣待在一起,亲密无间会让他们感觉到内心安定。于是,他们很依赖伴侣,总想着和伴侣黏在一起,一旦感觉和伴侣有了距离,便会十分焦虑。这种来自内心的焦虑和不安,会引发两种行为模式。

一种是对伴侣提出很多要求,让伴侣时刻证明对自己的爱,比如要求伴侣每半个小时便视频报备行踪,一旦忘记,不顾伴侣是否忙碌,一再质问对方为什么忽略自己,然后怀疑对方对自己的爱。

另一种是采用冷战的方式,以冷漠的态度来掩饰自己内心的恐惧和焦虑。

第一种行为模式也许在感情初期会给对方留下甜蜜的印象,但时间久了,对方会觉得这种控制欲很可怕,从而想要逃离。而这样的反应会使焦虑型依恋模式的人更加焦虑。

第二种行为模式会让人觉得过于冷淡,甚至感觉不到爱意。

不管是哪一种,对亲密关系而言,都是具有一定"杀伤力"的。但也不用过于担心,我们可以通过三个步骤来化解自己的焦虑。

第一步,找到触发自己焦虑的场景,寻找更积极的解决方式。

因为没有安全感,焦虑型依恋模式的人在亲密关系中感受到的更多是消极体验。这个时候,我们可以通过不同场景来分析自己的焦虑,然后设计积极的处理方式。

比如伴侣没有及时接到电话,此时你的内心设想了一出又一出的背叛大戏,按照日常的操作,会不断拨打电话过去,然后指责伴侣,表达愤怒。那么,我们可以确定,伴侣不能及时接电话会触发我们的焦虑,但以往的操作并不能解决实际问题,至少伴侣并不能感受到我们内心的不安和爱意。所以我们要寻找一个积极的解决方法,比如稳住情绪,表达自己的担忧并提出需求,希望可以得到伴侣的安抚。伴侣理解了你的感受,则会更愿意配合,这样安全感也会更充盈。

第二步,练习积极的日常沟通方式。

不管是愤怒还是冷战,都不是积极的沟通方式。我们要明白,没有人是另一个人肚子里的"蛔虫",可以清晰地感知到对方的任何思想变动。

唯有沟通,才能让两个人更明白彼此的心思。所以在日常沟通中,我们可以多表达自己的爱意,多用正面的语言去说话,这样可以营造出一个良好的沟通环境,对方也能更自然地表达内心。

我们要注意练习不同的"爱的语言",避开批评、抱怨,多说肯定对方行为的话;避开要求、命令,多说自己的感受和需求;还可多用饱含爱意的语言,如"亲爱的""我爱你"等字眼,不要觉得俗套,你正面积极的表达会直接影响到对方的表达方式。

比起强迫对方证明爱自己,对方主动的表达更能带来安全感。

第三步,放大自己的优点,学会表扬自己的长处。

我们之所以会自卑,没有安全感,是因为不相信自己的价值。这种对自己的不信任延伸到恋人身上,亲密关系也变得不可靠起来。

学会看见自己的优点,懂得表扬自己的长处,可以从根本上杜绝这种焦虑。在这件事情上,我们不妨用点儿"小心机",比如每天对着镜子找自己的优点,多去自己擅长的场合寻找成就感,多和会"夸夸"的人在一起。

当我们意识到自己并不差时,便不会随时随地担心被恋人抛弃,自然也不会过分在意恋人的言行,焦虑不治自愈。

• 想爱而不敢爱的回避型依恋人格

回避型依恋模式的人很适合做朋友,因为在他们的内心有一道很明确的界限,与之相处,不用担心会被越界。

然而一旦确定亲密关系,便会十分痛苦,说爱的是他们,不好好爱的也是他们。你靠近他们一步,他们便后退一步;你对他们说着爱的语言,他们内心却在审判爱情的不可信。

这就是回避型依恋模式的人,渴望爱情,却不敢放手去爱;渴望亲密,却担心亲密关系会让自己失去独立和自由。如同上文提到的"爱无能"。

和这样的人建立亲密关系其实是十分辛苦的,一开始相处也会很好,但想要更进一步却会被对方推开，因为他们常常会在内心告诫自己，不要在这段关系中陷入太深。

恋人则会在这种若即若离、忽冷忽热中备受折磨，最终失去耐心，选择放手。竭力隐藏自己的爱的回避型依恋模式的人，也会在这样的互动中受到伤害。

如果你觉得上述描述很符合自己，也不要悲观消极，可以从以下两点改变自己：

第一点是我们需要从心理上面对"回避"。直视自己的"回避"，才能逐步去内省形成这种依恋模式的原因，找到过去受到的伤害并审视它。这样，我们便不会把自己的依恋模式当作一种"罪"，处于"自罚"的状态，也不会因为恐惧而下意识去躲避一段亲密关系。

第二点是我们要在行动上学习如何正确爱人。回避型依恋模式的人往往不能正确表达自己的爱，有了心理的改变后，我们可以进行爱的刻意练习，也许会不太自然，但只要勇敢踏出表达的第一步，就能越来越熟练地表达爱，而伴侣也会在这种爱的感染下，对你有更多的耐心和包容。当感受到自己对对方的爱意时，要立刻抓住这种感觉，用自己的方式勇敢表达出来。

这样就会形成一个治愈回避型依恋的良性循环。

当然，我们还要明确一点，如果在建立关系的时候焦虑和回避特别严重，那也不要讳疾忌医，请求专业人士的帮助，可以让我们更早脱离依恋障碍。

问题从不单独存在，任何一个你觉得可以忽略的问题都可能会影响到我们对自己的了解。而越是了解自己，越能给自己一个正确的定位，我们的亲密关系也越稳妥。

所以，对自己多一点儿耐心，多换个角度去看自己。就如尼采所说："先打量自己，再纠正自己。"

第十七课　等待是为了遇见更好的自己

> 无论何时,只要可能,你都应该"模仿"你自己,成为你自己。
>
> ——莫尔兹

假如生活辜负了你,你要怎么做?

前文中所提到的张幼仪为我们做出了教科书般的示范。

徐志摩给张幼仪打上的标签是"老旧",但是被迫成为"离婚第一人"后,张幼仪并没有如旧式女子一样于深闺中抱怨,觉得前路黑暗无比。她开始了自己的成长之路,远赴德国学习德语;进入裴斯塔洛齐学院,攻读幼儿教育;回国后,进入东吴大学教授德文。

几年后,张幼仪又进入商业圈,先后担任上海女子商业储蓄银行副总裁,云裳服装公司总经理。云裳服饰公司是中国第一家新式服装公司,那里的衣服一度引领上海的潮流。这样的张幼仪,最终迎来了属于自己的幸福。第二段婚姻中,丈夫苏纪之弥补了张幼仪的一切遗憾，并在临终前承诺，"下辈子还一起过日子"。

在人生这条河流中，藏匿着许多的暗礁，一不小心便会让人跌倒。但这不可怕，可怕的是，有人在跌倒后便失去了前进的勇气。逆流而上，精进自己，最终会在河流的彼端遇见更好的自己，相对应地，我们也将等到真正适合自己的灵魂伴侣。

一如张幼仪交给人生的答卷，即使生活辜负了你，你也不要辜负自己。人生有很多重要的事情要做，在顺其自然中保持向上的心态最为妥当，正所谓"遇贵人先立业，遇良人先成家，无贵人而先自立，无良人而先修身"。

完善自我，扩大舒适圈

心理学告诉我们，趋乐避苦是人的天性。就像在网络中流行起来的"躺平"文化，"低欲望"一族，都是蜷缩在自己的舒适圈，逃避痛苦。

尽管有人告诉我们，跳出舒适圈，我们可以找到更好的自己。但跳出去后的痛苦，让人心生惧意。其实，想要得到成长，遇见更好的自己，除了跳出舒适圈，我们还可以选择扩大自己的舒适圈。相比于跳出舒适圈，扩大舒适圈则要更加温和一些，也许它不会有立竿见影的效果，但当我们舒适圈的边界一点一点变大，我们也会在不知不觉中变得越来越好。

- **让独处成为"沉淀期"**

古希腊哲学家柏拉图曾写过一个爱情故事。人类本有两张脸，是个圆球体，因惹恼了奥林匹斯山的诸神，宙斯便想了一个惩罚人类的办法——把他们劈成两半。于是，这些被劈成两半的人，终其一生都在寻找自己的另一半，希望可以重合一体。

我们的内心都是渴望亲密关系的，但想要找到更好的伴侣，我们则要自己先成长，在此之前，不要担心独处会让你丧失爱人的能力，因为你首先要学会的，是如何爱自己。

正确地爱自己，并不是放任自己，而是不断纠正自己的缺点，让自己变得更加完善，独处便是一个很好的机会。

与人沟通，可以让我们从中得到反馈，从而更了解自己，这是从外向内延伸；独处时的思索，则可以让我们听从内心的声音，然后随心而动。我们不该把自己封锁在一个人的时空，却也不应该畏惧独处，把它当作一场修行，让自己从内到外发生改变。

• **让坚持成为"垫脚石"**

再小的改变，加上坚持，都会带来惊人的效果，工作如此，学习如此，精进自己更是如此。当我们察觉到自己内在的缺点时，亦可给予耐心，坚持更正。为了能更好地坚持下来，让我们舒适圈的边界越来越大，我们还需要注意两点：

第一点，不要给自己太大的强度。强度太大，这件事就会成为我们内心的负担，每次在开始前，我们都会在心中为自己找拖延的借口。

但是低强度的事情就不同了，对于低强度的事情我们更想获得完成它时的成就感，就会给予自己一个内在的驱动力，促使我们完成它。所以，要给自己制定一个合理的目标，在不知不觉中完成的事情，可以让人的内心充满快乐，也会让人喜欢去做。

第二点，不要过于追求完美。太过于追求完美，会增加我们做事的难度。比如准备跑步，完美的人则要穿配套的服装和鞋子，需要一条专门的跑道，但不追求完美的人，随时随地都可以起跑。

而完美的人在准备工作中又会遇到很多问题，来来回回，很有可能就放弃了。所以，在提升自我的过程中，不必对自己过于苛刻，否则就会停留在准备的过程中，忘记了我们最初的目的是动起来。

• **让性格具有"塑造力"**

"你的性格塑造了你，但没有锁定你。"

尽管性格很难改变，但并非完全不能修正。改变了这个观念，我们对于性格的改正便不会充满抗拒。不要把性格看成没有弹性的事物，它是可以被塑造的。

首先我们要了解自己的性格，可以通过科学的性格测试如MBTI[1]测出自己的性格特质，也可以在日常生活中感受总结自己的性格特点。接着分析自己需要修正哪些特质，比如通过总结过往，发现自己的很多苦恼都来源于内向自卑，总是习惯讨好别人，那么

---

[1] MBTI全称Myers-Briggs Type Indicator，是一种迫选型、自我报告式的性格评估工具，用以衡量和描述人们在获取信息、做出决策、对待生活等方面的心理活动规律和性格类型。——编者注

我们便可以有针对性地去塑造性格。

塑造的过程同样因人而异,需要找到适合自己的方法。我们可以通过典型的名人事例,去学习领悟他们性格中的特质,进而找到改变的动力;也可以收集一些适用于大众的话题,到陌生的人群中锻炼自己的胆量;还可以通过改变自己的外形、仪态等来修饰自己的气场。

每个人的性格都有独属于自己的特征,不必去模仿他人,只要对性格的大方向进行修正即可。这样的改变叠加起来自然会组成一个更好的自己,这样的自己会更好地与家人相处,也能更轻易进入高阶版"朋友圈",最重要的是,将以更好的姿态等待那个对的人。

找到心理独立的开关,坚定三观

想要拥有健康的亲密关系,"过来人"会语重心长地告诉我们,经济地位决定上层建筑。

很多人都会把"独立"狭义地定义为经济独立,其实不然,真正的独立是人格独立。

有很多因为家庭矛盾而寻死觅活的女人，其中不乏经济能力远胜出老公的女子，但因为心理不够独立，她们的经济独立并没有给自己带来优势。

2017年，北京某小区，一女子带女儿爬上空调外挂机，想要从高空跳下。据知情人士告知，女子是因为丈夫出轨且和对方藕断丝连，才有了轻生之念。彼时，女子月薪过万，男子为无业游民。周围的人都很不能理解，一个经济能力不错的女人，为什么还要在婚姻出现问题的时候试图放弃自己的生命？

在生活中有很多这样的女性，钱是自己赚的，孩子是自己带的，家里家外都是一把手，却在丈夫面前无端自感"低人一等"，总是委曲求全。而一个人格独立的女人，哪怕因为家庭分工原因需要暂时离开职场几年，她也不会因为没有了经济来源便心生自卑。她会清楚地告诉自己，虽然自己没有赚钱，但并不代表没有贡献，而拿钱回家的丈夫也不能就此做"甩手掌柜"。

要知道，别人对待你的方式都是你默许的，当你觉得你的经济不独立而没有发言权的时候，对方也会慢慢有这样的认知。而自己有明确且强大的信念力时，别人就不会轻易把自己的思想强加在你的身上，这便是心理独立的重要性。

心理独立,不仅能让我们在任何境地都拥有健康的亲密关系,还能帮助我们建立防御系统墙,屏蔽不当信息,避免受其干扰。举个简单的例子,很多人受到营销号的影响,"女权主义"变成了只谈权利不谈义务,同一件事情,性别一换,态度立马改变。

接受了这种错误的观念,对自己的亲密关系自然是有极大影响的。而心理独立的人会坚定自己的观念:真正的女权,追求的是男女平权,是拥有权益,而不是只看利益。在这种观念的促使下,亲密关系中的相处便不会出现很大的矛盾。

我们可以从三个方面来训练自己人格的独立。

• 把读书和社交结合起来

在我们的刻板印象中,读书好的人往往是"傻"读书的人,正所谓"两耳不闻窗外事,一心只读圣贤书"。但在信息发达的时代,我们不仅要读书,还要耳听八方,这样才能让读书发挥真正的作用。

我们之所以需要读书,是因为一旦放下书本,我们就会封闭在一个极其闭塞的信息茧房,认知很容易跟着周围人的观念发生改变。只有读书,站在更高的地方,我们才能接触到不同的认知,它们最终都会成为我们脑中的知识。

但仅仅拥有这些知识还是不够的,和社交结合起来才能把这些认知变为智慧。

比如《红楼梦》中的迎春,她在诗社中有别号,在下人起冲突的时候会拿书出来看,可是她从来没有把读书和社交结合起来。在她眼里,读书是逃避社交的一种方法,这使得她从未想过从书中去寻找走出生活困境的方法,更没有在读书的时候联想自己的处境应该如何改善。这样读书,读再多也不过是过眼云烟,于己无关。

多读书,读经典的书,可以帮我们形成正确的价值观,和社交人际结合在一起,可以让我们有更多的思考。

• 降低对他人的期待

我们之所以会在意别人的评价,是因为我们对他人抱有期待。期待越高,便会越在意,我们的想法和做法也越容易受到影响。

很多人在恋爱前后行为会发生巨大的改变,绝大部分便是因为对伴侣有很大的期待,为了不让自己失望,便会不由自主先去满足伴侣的要求,从而失去自我。从多个角度找出自己的喜好,时不时和朋友联系,这样,当伴侣因为忙碌无法陪伴自己时,一个人也能愉快地度过周末;当伴侣因为粗心没有注意到你的小情绪时,朋友的关心也可以填补这一缺失。

如此平衡,自然不会把自己快乐、幸福的期望完全寄托在伴侣的身上,更不会为此压抑自己、迎合伴侣,并且你会因为保持了自我的部分,变得更加吸引人。

当你降低了对他人的期待值,把注意力都放在自己身上的时候,他人的评价便没有那么重要了。这样的你,可以多爱自己一点儿,可以活得"自私"一点儿,也会因此变得更加迷人。

• **不把独立当对立**

长期以来,很多人都处在"独立"的盲区,有人利用"独立"从亲密关系中获利,把"独立"当作要求伴侣不依赖的借口;有人用"独立"二字自我催眠,把依赖看作是可耻的。

事实上,独立和依赖并不冲突,独立也不代表要和伴侣对立。真正的独立是避开负面评价对自己的影响，在做一些决定的时候，更多听从自己的内心。

伴侣不是我们的假想敌，我们不需要通过和伴侣对立来证明自己是一个独立的人。尤其是在下面两个方面，不要和伴侣对立：

• 经济上不对立

罗曼·罗兰说："生活是双方共同经营的葡萄园，两人一同培植葡萄，一起收获。"

在我们的生活中，常常会发现夫妻的矛盾大部分来自经济问题。如有人会把和伴侣一起的收获看作个人所获的果实，这时便会出现两种情况：一种是曲解"独立"二字，认为自己不独立赚钱会失去在伴侣间的话语权，从而做出极端选择；另一种是被周围的声音牵制，认为太"独立"会让婚姻不幸福，从而压抑内心的情绪。

这两种心态都很难和伴侣面对面探讨经济问题，久而久之便会成为影响亲密关系的毒瘤。

- **精神上不对立**

独立并不意味着对伴侣失去依恋，如果两个人在精神上没有了依恋之意，那这种相伴就只能称之为"搭伙过日子"了。

如果把亲密关系中的两个人比作两个圆，独立便是让彼此成为相交的圆，有重叠的地方，也有独立的地方。我们不必为了完全重叠而丢失自我，也不必为了保留自我而拒绝任何部分的重叠。成为相交的圆，是有妥协，也有自我，这样的亲密关系最为自在。

而这样的你，也很难不被深爱。

- **爱一个人最好的方式，便是经营自己**

在我们的一生中，总是会遇到大大小小的坎坷。那些不如心意的事情、那些来了又走的人……我们在这一得一失间，跌跌撞撞，最终开出属于自己的花。

真正美好的亲密关系从来都是锦上添花，善于爱自己，懂得爱他人，只需要缓缓等待，那个合适的人终会与你相遇。

第十八课：课程回顾，30天变更好的小计划

恭喜你读完了这本书！

但这并不是结束，而是一个新的开始，希望书中的内容可以落实到你的生活中，给你的亲密关系带来帮助和积极向上的改变。

一、观点回顾

•第一部分：与家人之间的亲密关系

（1）控制型父母对孩子的控制并不是一种爱的体现，因为控制的爱不仅会忽略孩子的意愿和真实感受，还会限制孩子的思维能力。

（2）父母对孩子的控制往往源于其内心的缺失。无论你是父母还是孩子，填补这种缺失才能不让控制欲操控自己的人生。

（3）接纳父母，便是对自己人生负责的开始。也许我们曾因父母的无意之举备受伤害，但保留心中的怨恨，只会让这种伤害愈演愈烈。唯有接纳，才是

与自己和解的开始。

（4）当我们无法在思想上脱离原生家庭时，便会拥有"我没得选择"的心理，然后主动放弃自己的权利和需求，陷入与原生家庭的无尽纠缠中。

（5）孩子和父母都是独立的个体，孩子不必为父母忽略自己的意愿，父母也不必为孩子牺牲自己的感受。

（6）父母要学会做快乐的自己，关注自己的情绪，相信自己的价值，这样才能给孩子做一个好榜样。

（7）在大家长制度家庭长大的孩子往往会走向三个方向：缺乏主见，胆小怕事；攻击性强，模仿家长；叛逆心强，亲子关系差。

（8）两代人的观念有差异，这是在所难免的，好的家庭关系也并不需要每个人都拥有重合的观点。只要把沟通建立在平等之上，代沟便不会成为亲子关系的"杀手"。

（9）在孩子面前吵架并不可怕，可怕的是吵架时胡搅蛮缠，语言粗鲁，对解决矛盾毫无帮助。

（10）在家庭亲密关系中，很容易打着"为你好"的幌子做出越界的事情，爱也会因此起到反向作用。

• **第二部分：爱人之间的亲密关系**

（1）我们在恋爱中的理性是基于对自己的了解，对情感做好规划。一个人只有在恋爱前知道自己想要什么，才不会在恋爱后陷入"迷魂阵"，丧失自我。

（2）一场成功的PUA往往是从心理学和社会学同时入手的。我们以不变应万变的方式可以跳出对方的思维框架，让PUA的苗头一出现便无所遁形。

（3）当我们对自己的人生有具体的规划时，别人便很难操控我们的内心。

（4）父母离异和物质匮乏并不一定会导致我们童年的不幸，但缺少爱的环境一定会给童年留下阴影。

（5）见惯了父母间不稳定的情绪，孩子在成年后也很难保持情绪的稳定，一旦冲突发生，极大可能会以父母的相处模式进行处理，于是新的家庭暴力便诞生了。

（6）虽然精神出轨没有发生实质性的行为，但已然让感情发生了变化。因为精神出轨是一场情感的迁徙，当对方的精神世界全是别人时，对伴侣的态度、对感情问题的处理方式，都会发生改变。

（7）当不忠已出现，我们要停止自我伤害，从三个方面去修复内心：重拾自信；抛开情绪，确定是否要挽回；重建信任。

（8）对一个人的迷恋往往是在还不了解对方的时候，因为心中编织的画面而忽略对方的缺点，疯狂"爱"上，值得注意的是，这种"爱"充满占有欲。喜欢一个人，则是在了解对方的基础上，看到对方的优点，不会"疯狂"，但持久，且不畏惧承诺。

（9）亲密关系中问题的积累，是假性亲密的关键；假性自我，则是假性亲密的本质。所以，远离假性亲密的第一步，是勇敢做真实的自己。

（10）批评、污蔑、防卫、沉默，是无效沟通的典型行为。这几种沟通皆会让亲密关系中的交流呈负面趋势，并不利于亲密关系的维护。

（11）有效沟通的三个万能公式可以快速打通亲密关系中的交流通道：语言方面，以"我"开始，以"我"结束；技巧方面，一次只解决一个问题；情绪方面，适当暂停，及时启动。

（12）爱情三角论告诉我们，只有激情、亲密、承诺同时出现的爱情，才是完美爱情。只有一种或者两种的组合，皆是类爱情。

（13）完美的亲密关系并不代表对方是一个完美的人。这个世上没有完美的事，也没有完美的人，我们不是，伴侣也不可能是。但这并不代表我们无法拥有完美的亲密关系。就如同螺丝钉和螺丝帽的关系，找对合适的人便能创造出完美的关系。

（14）夫妻分婚姻掌控者和灾难制造者两种，婚姻掌控者可以看到伴侣令人欣赏的地方，然后赞美伴侣；灾难制造者则总是保持攻击的状态，挑剔自己的伴侣。

（15）"轻视"是亲密关系的核心杀手：轻视对方的付出，便不会去感恩；轻视对方的能力，便不会去称赞。甚至因为轻视，出现人格羞辱、家暴等行为。轻视一旦出现，关系的平等便会被打破，问题自然也随之浮现。

• **第三部分：朋友之间的亲密关系**

（1）交朋友伊始，是朋友对我们的考察期，也是我们对朋友的考察期。在这个时期，我们不必全盘抛出自己所有的事情，也不必所有的话都毫无保留地说出来。因为真诚不是"傻白甜"，但在相处中，依然要坚守两个原则：守信用，有底线。

（2）我们要坚定自我，把他人看"轻"一些，对有的负面言论一笑而过，不要被其语言中的暗示力量打败,这样,我们才能迈出交友的第一步。

(3)和对方保持一个舒适的距离,拥有明确的界限感,是友谊长存的不二法则。我们可以分别从家庭、情绪、金钱这三个角度来明确朋友间的相处界限。

(4)一般而言,有求必应的人分为"主动好人"和"被动好人":"主动好人"的问题出在自己的认知上;"被动好人"的问题则出在自己的性格上。

·第四部分:关系中的自我定位

(1)自我孤立的时间越久,越难与人打交道。失去了认识新朋友的机会,放弃了多个展示自己的机会,我们对自己的认知只能来自自己,甚至因为没有事情让我们反思自我,我们只能通过臆想来自我定位,这其实是非常危险的。当我们认识自我的信息是封闭且孤立的,不仅很难在关系中正确定位,在人生中也很难取得成功。

(2)依恋关系的模式,对于我们与恋人、家人、朋友之间的亲密关系有着极大的影响。尽管它们的形成来自我们的童年,但明确自己的依恋模式,针对性地进行修正,依然可以让我们重获高质量的亲密关系。

（3）我们的内心都是渴望亲密关系的，但想要找到合适的伴侣，我们则要先成长自己，在此之前，不要担心独处会让你丧失爱人的能力，因为你首先要学会的是如何爱自己。

（4）心理独立，不仅能让我们在任何境地都拥有健康的亲密关系，还能帮助我们建立防御系统墙，屏蔽不当信息，避免受其干扰。很多人的亲密关系会出现问题，是因为内心不够强大，无法阻挡这些不当信息，最终让它们侵蚀到自己的内心，导致做法偏激。

二、30天实践清单

• 第1天：

学习独处，并在独处中自我对话，写下自己的优点和缺点，越具体越好。

优点：

缺点：

给自己的缺点排序（从易改到不易改）。

• 第2天：

听从内心，找到自己真正喜欢的事物（排除一切外在因素，只听从内心的声音。可以多写几个）。

从上述罗列出来的爱好中，找出最容易坚持的事情。

修正一个缺点（原则：只和自己比较，对于很难改正的缺点也不要排斥和自我责备，先选择容易改正的缺点）。

- 第 3 天:

做一件自己喜欢的事情(使自己快乐、长时间累积下有一个好结果的事情)。

修正一个缺点(可与前一天重复)。

- 第 4 天:

做一件自己喜欢的事情(可与前一天重复)。

修正一个缺点(可与前一天重复)。

- 第 5 天:

夸一夸身边的人(可以是家人,也可以是伴侣、朋友)。

做一件自己喜欢的事情(可与前一天重复)。

修正一个缺点(可与前一天重复)。

- 第 6 天:

寻找自己和父母相处中存在的问题,并罗列出来。

做一件自己喜欢的事情(可与前一天重复)。

修正一个缺点(可与前一天重复)。

- 第 7 天:

尝试理解父母的缺点,换位思考缺点形成的原因。

做一件自己喜欢的事情(可与前一天重复)。

修正一个缺点(可与前一天重复)。

- 第 8 天:

寻找和父母相处中问题的解决方式(可多罗列一些,然后通过实践甄选出最适合的方式)。

做一件自己喜欢的事情(可与前一天重复)。

修正一个缺点(可与前一天重复)。

- 第 9 天:

对比前文内容,找出自己的依恋模式。

做一件自己喜欢的事情(可与前一天重复)。

修正一个缺点(可与前一天重复)。

- 第 10 天:

根据自己的依恋模式,尝试寻找修正的方式。

做一件自己喜欢的事情(可与前一天重复)。

修正一个缺点(可与前一天重复)。

- 第 11 天:

总结自己在亲密关系中的缺点。

做一件自己喜欢的事情(可与前一天重复)。

修正一个缺点(可与前一天重复)。

- 第 12 天：
寻找改善亲密关系中缺点的方法。

尝试改变和父母的相处模式（建立边界）。

做一件自己喜欢的事情（可与前一天重复）。

修正一个缺点（可与前一天重复）。

- 第 13 天：
制作情感表格。

对于伴侣不能接受的缺点：

希望未来的生活是什么样的：

自己的付出底线是什么：

尝试改变和父母的相处模式（反对控制，勇敢表达自己的意愿）。

做一件自己喜欢的事情（可与前一天重复）。

修正一个缺点（可与前一天重复）。

• 第14天：
思考自己在感情中想要扮演的角色。

尝试建立有序的家庭规则（可以通过开家庭会议，和家人共同商讨）。

做一件自己喜欢的事情（可与前一天重复）。

修正一个缺点（可与前一天重复）。

• 第15天：
思考自己未来想要成为一个什么样的人。

向家人表达爱。

做一件自己喜欢的事情（可与前一天重复）。

修正一个缺点（可与前一天重复）。

• 第 16 天：
明确自己想要的婚姻模式。

对家人做一件有仪式感的事情。

做一件自己喜欢的事情（可与前一天重复）。

修正一个缺点（可与前一天重复）。

• 第 17 天：
设想感情中出现不忠时自己的反应。

感受和父母的相处模式是否发生变化，罗列出来。

做一件自己喜欢的事情（可与前一天重复）。

修正一个缺点（可与前一天重复）。

- 第 18 天：

思考自己目前的亲密关系中存在哪些小危机，并思考解决危机的方法。

理想中家庭的相处模式。

做一件自己喜欢的事情（可与前一天重复）。

修正一个缺点（可与前一天重复）。

- 第 19 天：

写出正确面对伴侣负面语言的方式并实践。

做一件自己喜欢的事情（可与前一天重复）。

修正一个缺点（可与前一天重复）。

- 第 20 天：

尝试和伴侣或家人进行一场有效的沟通（情绪能够顺畅流动或能够解决一定的问题）。

做一件自己喜欢的事情（可与前一天重复）。

修正一个缺点（可与前一天重复）。

• 第 21 天：
写出自己对激情、亲密、承诺这三大元素的理解。

尝试拒绝朋友的过度请求。

做一件自己喜欢的事情（可与前一天重复）。

修正一个缺点（可与前一天重复）。

• 第 22 天：
思考爱在激情退却后，如何做才能得到升华，明确适合自己的方法。

做一件自己喜欢的事情（可与前一天重复）。

修正一个缺点（可与前一天重复）。

- 第 23 天：

反思阻碍自己主动社交的小缺点。

做一件自己喜欢的事情（可与前一天重复）。

修正一个缺点（可与前一天重复）。

- 第 24 天：

复盘自己与朋友之间有哪些是真正的友谊。

尝试拒绝朋友的过度请求。

做一件自己喜欢的事情（可与前一天重复）。

修正一个缺点（可与前一天重复）。

- 第 25 天：

复盘自己和朋友相处时的缺点。

做一件维护友谊的事情。

做一件自己喜欢的事情（可与前一天重复）。

修正一个缺点（可与前一天重复）。

- 第 26 天：

尝试交一个新朋友。

做一件自己喜欢的事情（可与前一天重复）。

修正一个缺点（可与前一天重复）。

- 第 27 天：

复盘
和家人之间的亲密关系发生了什么改变。

和伴侣之间的亲密关系发生了什么改变。

和朋友之间的亲密关系发生了什么改变。

自己发生了什么改变。

- 第 28 天:

复盘

和家人之间的亲密关系发生了什么改变。

和伴侣之间的亲密关系发生了什么改变。

和朋友之间的亲密关系发生了什么改变。

自己发生了什么改变。

- 第 29 天:

根据复盘自行调节

与家人之间的亲密关系发生了什么改变。

与伴侣之间的亲密关系发生了什么改变。

与朋友之间的亲密关系发生了什么改变。

自己发生了什么改变。

- 第 30 天:
给自己一个阶段性的奖励!!

最后,致敬越来越好的你!

新
流
xinliu

简单易懂的亲密关系课

产品经理	于志远	装帧设计	人马艺术设计·储平
特约编辑	李 睿	责任印制	赵 明 赵 聪
营销经理	肖 瑶	出版监制	吴高林

图书在版编目（CIP）数据

简单易懂的亲密关系课/终身成长研习社著. -- 贵阳：贵州人民出版社，2023.11
ISBN 978-7-221-17904-3

Ⅰ.①简… Ⅱ.①终… Ⅲ.①心理学—通俗读物 Ⅳ.①B84-49

中国国家版本馆CIP数据核字(2023)第169672号

JIANDAN YIDONG DE QINMI GUANXI KE
简单易懂的亲密关系课

终身成长研习社　著

出 版 人	朱文迅
策划编辑	陈继光
责任编辑	左依祎
装帧设计	人马艺术设计·储平
责任印制	赵　明　赵　聪

出版发行	贵州出版集团　贵州人民出版社
地　　址	贵阳市观山湖区会展东路SOHO办公区A座
印　　刷	天津中印联印务有限公司
版　　次	2023年11月第1版
印　　次	2023年11月第1次印刷
开　　本	787毫米×1092毫米　1/32
印　　张	8
字　　数	125千字
书　　号	ISBN 978-7-221-17904-3
定　　价	39.80元

如发现图书印装质量问题，请与印刷厂联系调换；版权所有，翻版必究；未经许可，不得转载。